丁博士带你玩编程

探奇科教　组编

科学普及出版社

·北　京·

图书在版编目（CIP）数据

T博士带你玩编程/探奇科教组编. —北京：科学普及出版社，2019.6

ISBN 978-7-110-09960-5

Ⅰ．①T… Ⅱ．①探… Ⅲ．①程序设计—青少年读物 Ⅳ．①TP311.1-49

中国版本图书馆CIP数据核字(2019)第091501号

策划编辑	郑洪炜	
责任编辑	郑洪炜	陈　璐
封面设计	逸水翔天	
正文设计	逸水翔天	
责任校对	蒋宵宵	
责任印制	马宇晨	

出　　版	科学普及出版社
发　　行	中国科学技术出版社有限公司发行部
地　　址	北京市海淀区中关村南大街16号
邮　　编	100081
发行电话	010-62173865
传　　真	010-62179148
网　　址	http://www.cspbooks.com.cn

开　　本	787mm×1092mm　1/16
字　　数	160千字
印　　张	10
印　　数	1—5000册
版　　次	2019年6月第1版
印　　次	2019年6月第1次印刷
印　　刷	北京利丰雅高长城印刷有限公司
书　　号	ISBN 978-7-110-09960-5/TP·239
定　　价	59.80元

编委会

主　编　　朱元勋　鲁文文

副主编　　丹加林　高思远

编　委　　(按姓氏笔画排序)

马翔宇　王耀欣　方仕堃　田超然　刘　帆

李阳勃　宋颖格　周佳佳　施雄超　黄异榕

序

当今社会，科技发展日新月异，人工智能、机器人正在以难以想象的广度和深度改变着人类社会的生产和生活，也将会取代人类的许多工作。人类只有不断提升自身创造力才不会被时代淘汰，因此，创造力的高低已成为区分人才的重要标准，创造力也越来越明显地成为人的核心竞争力。

为了更好地提升青少年的创造力、动手能力和解决问题的能力，培养他们的创新思维和逻辑思维，我们开发了图形化编程软件与机器人拼装硬件相结合的教育套装——T博士编程机器人。

T博士编程机器人硬件共400多个零件，包括主机、传感器、结构件、连接件等40多种。这些硬件采用功能集成、接口统一的模块化设计，组合方式多种多样，可以搭出千变万化的创意作品。青少年完成机器人的结构搭建，使用T博士编程软件编写并上传程序后，通过透明的外壳能够直观地观察机器人内部的运转情况，并在趣味竞赛、互动游戏中自由探索，自主发现，运用跨学科知识创造性地解决问题。

为了让青少年的编程学习变得更加简单有趣，创造能力的提升变得更加快捷有效，我们按照《中小学综合实践活动课程指导纲要》的要求，以项目为导向，以任务为驱动，采用探究式的教育理念，依照循序渐进的原则编写了本教材。教材共分为三章：第一章为初识编程（了解编程界面、熟悉主机）；第二章为简单编程（编程软件和拼装硬件相结合的基础学习）；第三章为创意编程（综合应用）。这三章共包含24个主题活动，每个主题活动均按照学习目标、探究发现、总结回顾、拓展延伸、收获评价的步骤进行，其中探究发现为主要环节，包括设计拼装、参考造型、程序编写、参考程序和实践检验等。教材既可以作为青少年学习编程的指导手册，又可以作为场馆教育工作者、学校教师的教学参考用书。

教材配套的视频资源、教学参考案例、拓展延伸的参考答案等内容，可以通过探奇官网www.tan-qi.com下载获取。为了方便学习者之间的交流，我们还开发了微信小程序"探奇科教乐园"，欢迎大家登录，分享自己的学习心得，并给我们留下宝贵的建议。

编委会

2019年4月

目录

第三章
创意编程

附录

准备好了吗

T博士

大家好，欢迎和我一起走进编程的世界！从现在开始，我们就要一起学习编程了，这是一件具有挑战性但又趣味十足的事情。通过学习，我们可以制作遥控赛车、智能宠物、自动感应门等创意作品。你是不是很期待呢？在开始之前，我们必须要了解T博士编程软件和核心配件。

T博士编程软件

打开T博士编程软件，我们就能看到下图所示的界面：左边一栏是功能栏，包含机器人、流程、数字和新建等模块。点击模块会在积木区出现相应的积木，右边空白区是编程区。拖拽积木到编程区即可进行编程，将积木拖拽到功能栏可以将积木删除。右上角四个按钮分别是开始运行程序（不进行下载）、下载并运行程序、保存已有程序、打开已保存程序，右下角加号、减号分别可以放大和缩小界面，等号可恢复默认大小。

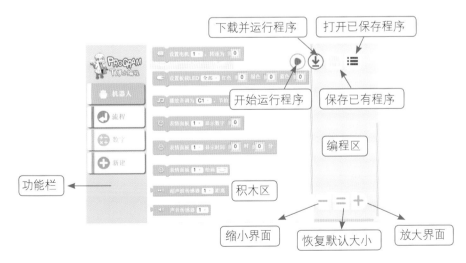

T博士编程软件界面

1

将积木拖拽到编程区以后，需要将积木组合在一起，并且放在"启动"积木下方，程序才会从上到下按顺序运行。

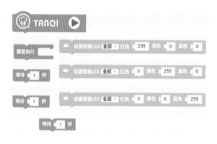

程序不会运行

程序可以依次运行

编程完成后，点击"开始"或者"下载"按钮，跳出蓝牙连接界面，点击"马上连接"。

蓝牙连接界面

选择相对应的主机名字，点击"连接"即可。

选择并连接

进入主界面再点击"开始"或者"下载"，等待程序上传完成，点击"完成"，程序即可运行。

程序上传界面

核心配件

主机

主机是T博士机器人的核心设备。可以接收输入信号，经过编程处理输出信号。

主机由外壳、电路板和电池（4000毫安可充电锂电池）组成。主机图中：

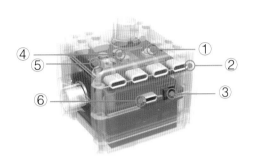

主机

①RGB LED灯：左右共2个，可以通过程序调整颜色和亮度。

②Type-c接口：共8个，可互插，可通过Type-c线连接传感器、LED点阵屏和USB拓展接口等。

③开关：左边是关，右边是开。

④蜂鸣器：可以播放音调。

⑤红外信号接收器：可接收遥控器发出的红外信号。

⑥MicroUSB接口：可通过USB数据线连接电脑（传输数据、充电）或者充电器（充电）。

T1电机

T1电机是T博士编程机器人的动力输出配件。T1电机图中：

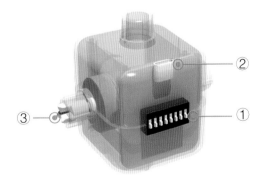

T1电机

①拨码开关：拨动相应的数字开关可以给电机编号，默认编号为1。

②Type-c接口：可通过Type-c线连接到主机。

③动力输出轴：连接传动器或者传动轴，可以将动力传输出去。

LED点阵屏

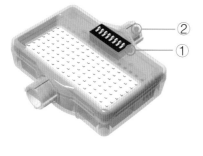

LED点阵屏

LED点阵屏是T博士编程机器人的输出配件。点阵屏上布有8x16个LED灯，通过程序可以控制每个LED灯的亮（灯亮为蓝色）与灭。LED点阵屏图中：

①拨码开关：拨动相应的数字开关给LED点阵屏编号，默认编号为1。

②Type-c接口：可通过Type-c线连接到主机。

USB拓展接口

USB拓展接口是T博士编程机器人的输出配件。通过"设置电机"积木  控制，更改转速后的数字可以调整输出功率。USB扩展接口图中：

①Type-c接口：可通过Type-c线连接到主机。

②USB接口：可通过USB数据线连接到外接设备，输出电流1安，输出电压5伏。

USB拓展接口

超声波传感器

超声波传感器

超声波传感器是T博士编程机器人的输入配件，可以检测它和前方障碍物的距离。检测范围为0~400厘米。超声波传感器图中：

①拨码开关：拨动相应的数字开关给超声波传感器编号，默认编号为1。

②Type-c接口：可通过Type-c线连接到主机。

巡线传感器

巡线传感器是T博士编程机器人的输入配件，可以检测灯组前方2厘米内物体的反射光强，检测结果为黑或白。巡线传感器图中：

①拨码开关：拨动相应的数字开关给巡线传感器编号，默认编号为1。

②Type-c接口：可通过Type-c线连接到主机。

巡线传感器

声音传感器

声音传感器

声音传感器是T博士编程机器人的输入配件，可以检测环境中音量的大小。声音传感器图中：

①拨码开关：拨动相应的数字开关给巡线传感器编号，默认编号为1。

②Type-c接口：可通过Type-c线连接到主机。

红外遥控器

红外遥控器可发射红外信号给主机。

红外遥控器上按键有：数字0~9，字母A~F，上下左右键和设置键。

红外遥控器

智能皇冠球

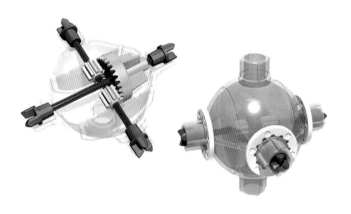

智能皇冠球

智能皇冠球可以将接收到的转动力同时向三个方向传递（正向及两个垂直方向）。

智能皇冠球的四个齿轮接口中，通轴两端为相同方向转动，转速相同，力量相同。另两端则是相反方向转动，力量相同，转速相同（比通轴两端转速要快）。

神奇减速球

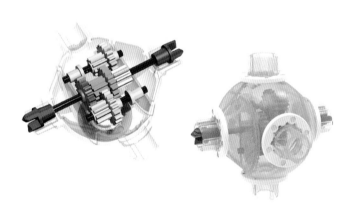

神奇减速球

神奇减速球可以减慢输出转速，同时能增加输出的回转力量。与其他部件连接时，"入力部分"应该是灰色齿轮接头。

第一章　初识编程

点亮希望

台灯给我们的生活带来了便利。智能台灯也是生活中常见的灯具。如何用T博士编程机器人做一盏可以通过编程控制的小台灯呢？让我们跟着T博士开始探索之旅吧！

一　学习目标

知识：了解板载LED；学习"**设置板载LED**"积木。

技能与方法：学会观察，根据观察结果设计、拼装一盏台灯；运用对比法设计实验，探究RGB灯工作原理。

情感、态度与价值观：了解台灯带来的便利；畅想智能台灯的发展。

二　探究发现

设计拼装一盏台灯，并且能通过编程改变台灯的亮度和颜色。

（一）设计拼装

台灯包括哪几部分呢？

可以选用哪些配件拼装呢？

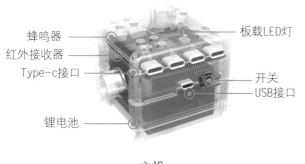

蜂鸣器
红外接收器
Type-c接口
锂电池
板载LED灯
开关
USB接口

主机

主机由主机板和锂电池组成。主机板上装有8个可互插Type-c接口、1个USB接口以及红外接收器、蜂鸣器、开关和板载LED灯。

板载LED灯是一个RGB LED灯，以红、绿、蓝三种颜色的光混合而成，可通过调试不同的配比使灯发出不同的颜色。

画出你设计的台灯结构。

组装台灯，继续探究如何通过编程变换台灯的亮度及颜色。

（二）参考造型

方形块×14

扇形块×4

主机×1

三角块×3

台灯参考造型

连接环×1

连接条×12

连接头×2

连接柱×1

（三）程序编写

怎样才能让主机上的板载LED灯亮起来呢?

主机通过"**设置板载LED**"积木控制LED灯的亮与灭,向主机中写入控制LED灯的程序即可使LED灯亮起来。

打开T博士编程软件,从机器人模块中拖出"**设置板载LED**"积木,点击后选择要使用的LED灯。改变红、绿、蓝的数值后,从流程模块中拖出"**启动**"积木 ,将它与"**设置板载LED**"积木叠加在一起,点击右上角开始按钮 ,就可以运行程序了。接下来让我们观察LED灯的变化。

"设置板载LED"积木

探究1:LED灯的亮度

将绿、蓝的数值设置为0,改变红色的数值,观察LED灯亮度的变化,完成下面的表格。

LED灯的亮度探究表

"设置板载LED"积木的颜色数值			LED灯的亮度
红255	绿0	蓝0	
红150	绿0	蓝0	
红20	绿0	蓝0	
……			

通过探究,你有什么发现? 这是为什么呢? 你也可以尝试将红、绿的数值设置为0,观察现象。

探究2：LED灯的颜色

怎样改变LED灯的颜色呢？请你进行以下尝试。

LED灯的颜色探究表

"设置板载LED"积木的颜色数值			LED灯的颜色
红255	绿0	蓝0	
红0	绿255	蓝0	
红0	绿0	蓝255	
红255	绿255	蓝0	
红0	绿255	蓝255	
红255	绿0	蓝255	
红255	绿255	蓝255	
……			

你发现了什么？想一想，为什么会这样呢？

⚙ 小结

RGB色彩模式是一种颜色标准，通过调整红（R）、绿（G）、蓝（B）三种颜色的数值，可以使LED灯呈现不同的亮度及颜色。

红、绿、蓝三种颜色都包含了256阶亮度。数值为0时，LED灯最弱，即LED灯是关掉的；随着数值的增大，LED灯会变得更亮，在255时LED灯最亮。

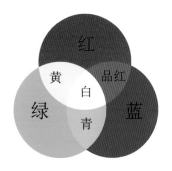

RGB颜色标准

将RGB中的颜色两两混合，可以得到新的颜色，比如黄、青、品红等。当三种颜色的数值相同时，产生不同灰度值的灰色调，如三种颜色都为0时，是最暗的黑色调；三种颜色都为255时，是最亮的白色调。

总结回顾

这节课我们制作了一盏可通过编程控制的台灯，不仅可以控制亮度，还能通过调节RGB不同的数值，让灯呈现出不同的颜色。

拓展延伸

1. 改变造型，搭建出其他造型的灯，比如手持应急灯、吊灯等。
2. 调节RGB数值，让LED灯分别亮出彩虹的七种颜色。

收获评价

学习收获评价表

序号	本节学习收获	分数				
		1	2	3	4	5
1	我认识了板载LED					
2	我学会了使用"设置板载LED"积木					
3	我能够独立解决发现的问题					
4	我能够自主完成拓展任务					
5	我能够和同学分享这节课的收获					

我还有话说：

_____

_____

_____

_____

音乐之声

　　弹奏乐器能给我们的生活增添许多乐趣。如果你不识乐谱、不会演奏任何一种乐器，能否弹奏出美妙的音乐呢？今天，T博士将会用编程机器人来开启一段奇特的音乐之旅。

T博士，那些电子产品是怎么发出"嘀嘀嘀"声音的呢？

一般这些电子产品里装有蜂鸣器，蜂鸣器可以将程序里编好的旋律播放出来。

一　学习目标

　　知识：学习**"播放音调"**积木；了解顺序结构。

　　技能与方法：学会使用简谱编写乐曲程序。

　　情感、态度与价值观：乐于与他人分享编写完成的乐曲；体会音乐给我们带来的美好。

二 探究发现

制作一个音乐盒，编写程序，使音乐盒能够播放曲子《小星星》。

（一）设计拼装

我记得主机上有一个蜂鸣器，该怎么使用它来制作一个音乐盒呢？

画出你设计的音乐盒结构，并根据你的设计图进行拼装。

（二）参考造型

主机 ×1

扇形块 ×12

方形块 ×24

连接头 ×18

连接条 ×8

连接柱 ×1

小轮子 ×4

小轮胎 ×4

传动器 ×4

螺帽 ×4

音乐盒参考造型

（三）程序编写

探究1：怎样让蜂鸣器发出声音呢？

我们可以使用"播放音调"积木控制蜂鸣器。从机器人模块拖出"播放音调"积木，点击下拉菜单，分别选择积木播放的"音调"和"节拍"。

点击选择积木播放的音调。

点击选择积木播放的节拍。

播放音调为 C3 ▼，节拍为 八分之一 ▼

"播放音调"积木

（1）"音调"菜单中的C / D / E / F / G / A / B定义音名，对应C大调中的Do / Re / Mi / Fa / So / La / Si，音名后的数字代表不同的音高。

（2）"节拍"菜单中二分之一 / 四分之一 / 八分之一 / 整拍 / 两拍为音长。

如果整拍为1秒，对应的二分之一拍为0.5秒，两拍为2秒，以此类推。

我们知道了音调和节拍，但是在简谱中常见的是1～7的数字，这些数字相对应的音调是什么呢？

如下表，我们将音名、唱名和简谱一一对应起来，动手试一试吧！

音名、唱名、简谱对应表

音名	唱名	简谱
C	Do	1
D	Re	2
E	Mi	3
F	Fa	4
G	So	5
A	La	6
B	Si	7

探究2：怎样利用"播放音调"积木编写一首《小星星》曲子呢？

小星星

$1 = C$ $\frac{2}{4}$

1	1	5	5	6	6	5	—
一	闪	一	闪	亮	晶	晶	

4	4	3	3	2	2	1	—
满	天	都	是	小	星	星	

5	5	4	4	3	3	2	—
挂	在	天	上	放	光	明	

5	5	4	4	3	3	2	—
好	像	许	多	小	眼	睛	

1	1	5	5	6	6	5	—
一	闪	一	闪	亮	晶	晶	

4	4	3	3	2	2	1	—
满	天	都	是	小	星	星	

《小星星》简谱

为了方便编写，我们将《小星星》中的一段简谱、唱名和音名对应起来。根据下表，完成程序的编写。

《小星星》简谱、唱名、音名对应表

> 以第一句CCGGAAG为例，前边CCGGAA六个音调，每一个都是二分之一节拍，最后的音调G为一个整拍。此表格的C指的是中央C。程序中的C3对应钢琴中的中央C也就是小字一组的c¹。其他音名依次向后对应。

简谱	唱名	音名
1155665	Do Do So So La La So	CCGGAAG
4433221	Fa Fa Mi Mi Re Re Do	FFEEDDC
5544332	So So Fa Fa Mi Mi Re	GGFFEED
5544332	So So Fa Fa Mi Mi Re	GGFFEED
1155665	Do Do So So La La So	CCGGAAG
4433221	Fa Fa Mi Mi Re Re Do	FFEEDDC

以第一句为例，将每一个音调的积木按照顺序拼接在一起的结构叫顺序结构（顺序结构的程序设计是最简单的，只要按照解决问题的顺序写出相应的语句就行，它的执行顺序是自上而下，依次执行），当这段程序开始运行以后，音乐盒会依次播放相应的音调，这样才会形成一首曲子。

第一句音调积木顺序结构

尝试写出剩下五句的程序，并按照顺序结构将每句拼接在一起，完成整段程序。

三 总结回顾

这节课利用"**播放音调**"积木控制蜂鸣器发出不同的声音，并运用顺序结构将它们组合在一起，形成一首完整的曲子。

四 拓展延伸

参考其他乐曲的简谱，编写更多乐曲的播放程序，如《两只老虎》。

两只老虎

1 = F $\frac{4}{4}$

| 1 | 2 | 3 | 1 | 1 | 2 | 3 | 1 | 3 | 4 | 5 | — | 3 | 4 | 5 | — |
| 两 | 只 | 老 | 虎 | 两 | 只 | 老 | 虎 | 跑 | 得 | 快 | | 跑 | 得 | 快 | |

| 5 | 6 | 5 | 4 | 3 | 1 | 5 | 6 | 5 | 4 | 3 | 1 | 2 | 5 | 1 | — | 2 | 5 | 1 | — |
| 一 | 只 | 没 | 有 | 眼 | 睛 | 一 | 只 | 没 | 有 | 尾 | 巴 | 真 | 奇 | 怪 | | 真 | 奇 | 怪 | |

《两只老虎》简谱

五 收获评价

学习收获评价表

序号	本节学习收获	分数				
		1	2	3	4	5
1	我学会了使用"播放音调"积木					
2	我能够独立解决发现的问题					
3	我学习了顺序结构					
4	我能够自主完成拓展任务					
5	我能够和同学分享这节课的收获					

我还有话说：

_____

_____

_____

_____

定点到达

地铁是城市中便捷的交通工具。当地铁停靠在站台的时候，地铁的车门每次都准确地对着站台的门，这种对车辆准确控制的现象是定点到达。

T博士，定点到达好神奇呀！我们的小车也可以实现吗？

当然可以，让我们一起来探究一下吧！

一 学习目标

知识：认识电机；学习"设置电机"积木、"等待"积木、"重复执行"积木。

技能与方法：制作一辆可实现定点到达的小车。

情感、态度与价值观：积极向他人介绍自己的小车；了解精确控制在生活中的应用。

二 探究发现

搭建一辆小车，使小车从起点出发，到终点停止。途中须在黑线处停留2秒。

（一）设计拼装

小车由什么组成呢？

每部分都有什么作用呢？

需要几个电机才能跑起来呢？

仔细观察图中的电机，电机上边有拨码开关、Type-c接口和输出轴。拨动拨码开关上对应的拨码可以给电机编号；Type-c接口可以通过Type-c线将主机和电机连接起来；输出轴连接轮子，可将动力传输给轮子。

画出你设计的小车结构，并尝试将它拼装出来。

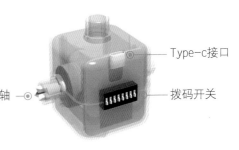

Type-c接口

输出轴

拨码开关

电机

（二）参考造型

主机×1

电机×1

智能皇冠球×1

橙色宝石球×1

长直线支架×2

大轮子×2

大轮胎×2

传动器×2

螺帽×2

数据线×1

连接环×3

万向轮×2

方形块×5

扇形块×5

连接头×7

连接柱×2

"定点到达"小车参考造型

（三）程序编写

小车的行驶需要由电机来驱动，电机由主机来控制，我们在主机中写入控制电机的程序即可。

探究1：如何让电机转起来？

让电机转起来，需要用到**"设置电机"**积木。

电机端口编号，下拉呈现1～8。

数值范围是多少？改变数值会对小车有什么影响呢？

"设置电机"积木

从机器人模块中拖出如上图所示的**"设置电机"**积木，点击下拉框选择电机端口编号，使其与电机拨码开关上边的编号相对应。

尝试更改**"设置电机"**积木的转速数值，分别将转速改为100、255，你发现了什么？如果将转速改为100、–100呢？

"设置电机"积木的转速数值范围是–255～255，数字的正负表示电机的转向，正数表示电机顺时针旋转，负数表示电机逆时针旋转。数字的大小表示电机转速的快慢。

探究2：如何让电机停止？

如果将电机的转速设置为0，电机会停下来。那么，按照下图中的程序，小车会怎样行驶呢？想一想，这是为什么呢？

转速设置

我们会发现：小车的轮子动一下，立刻停止。这是因为 ![设置电机1，转速为255] 运行后，立即向下运行 ![设置电机1，转速为0]，即电机启动后立即停止转动，这是一个瞬间的过程。

怎样才能使电机转动一段时间再停止呢？

点击输入数值。

等待多少秒才能使小车从起点出发到终点停止呢？

"等待"积木

从流程模块中拖出"**等待**"积木。

"**等待**"积木 等待 5 秒 表示"在这段时间内，所有设备保持之前指令下的状态，不做任何改变。"

将"**等待**"积木放在"**设置电机**"积木下方，程序会先运行 设置电机 1▼，转速为 255（电机开始转动），接着运行 等待 5 秒（在这5秒内，电机以"255"的转速保持运行）。5秒后运行 设置电机 1▼，转速为 0（电机停止转动），程序结束。

基于以上探究，我们来尝试让小车在行驶途中停留3次，该怎样编写程序呢？

（四）参考程序

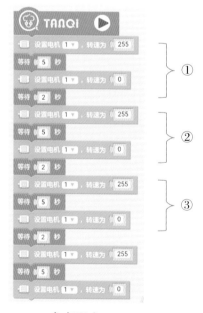

参考程序

通过观察，我们发现①、②、③是一样的，也就是重复执行了3次。有没有更简洁的写法呢？

我们可以使用"**重复执行**"积木完成程序。从流程模块中拖出"**重复执行**"积木，将第①部分的积木块放入其中，输入重复的次数3，那么①运行3次以后，程序向下运行。

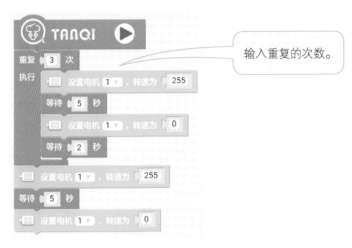

输入重复的次数。

"重复执行"程序

（五）实践检验

根据现场情况，调整电机的转速和等待的时间，使小车完成任务。

我们发现：当小车行驶的距离相同时，速度快，所需时间短；速度慢，所需时间长。

三 总结回顾

这节课我们认识了电机，学习了"**设置电机**"积木、"**等待**"积木、"**重复执行**"积木。如果想让小车前行到指定的位置，需要用"**等待**"积木让电机转动一段时间后停止。在此过程中，我们可以用"**重复执行**"积木优化程序。

四　拓展延伸

1. 让小车在起点和终点之间往返行驶5次。

2. 如果想让小车循环往返无限次，该怎么办？（可尝试使用"**重复执行**"积木 　　　）

五　收获评价

学习收获评价表

序号	本节学习收获	分数				
		1	2	3	4	5
1	我认识了电机					
2	我学会了使用"设置电机"积木					
3	我学会了使用"等待"积木					
4	我学会了使用"重复执行"积木					
5	我能够独立解决发现的问题					
6	我能够自主完成拓展任务					
7	我能够和同学分享这节课的收获					

我还有话说：

_____

_____

_____

_____

小小指挥官

交通信号灯可用来指挥车辆和行人的通行。它通过计算机编程设定时间，来控制灯亮与灭的时长。

交通信号灯在交通控制中发挥着重要作用。如何让交通信号灯更加智能？即使在突发状况下，交通警察也无须抵达现场，通过遥控操作就能切换模式，从而灵活地调整交通信号灯亮的时长，缓解交通压力。

交通信号灯的控制作用

T博士，我们怎么通过遥控来控制信号灯呢？

我们可以设定两种模式，每种模式下三种颜色灯亮的时长不一样，通过遥控器来切换这两种模式即可控制信号灯。

一 学习目标

知识：认识红外遥控器；学习"红外遥控器"积木、"如果"积木。

技能与方法：设计一个可遥控的交通信号灯。

情感、态度与价值观：学会与他人合作；了解交通信号灯带来的便利；知道遵守交通规则的重要性。

二 探究发现

制作一个可以遥控切换"拥堵"模式和"正常"模式的交通信号灯，要求在"拥堵"模式下，绿灯亮的时间比"正常"模式下的时间长。

（一）设计拼装

如何使用T博士编程机器人中的材料设计一个交通信号灯呢？

交通信号灯

生活中的交通信号灯是什么样子的？

交通信号灯由哪几部组成呢？

设计并拼装交通信号灯。

红外遥控器

红外遥控器是利用红外遥控技术实现对被控目标遥控的装置。红外遥控器上有不同的按键，按下不同的按键，可以发出不同的指令。被控目标接收到不同的指令后便会执行相应的动作。

（二）参考造型

主机×1

橙色宝石球×4

方形块×7

连接环×8

可控交通信号灯参考造型

连接头×4

扇形块×3

连接条×3

29

（三）程序编写

生活中的交通信号灯比较复杂，我们先尝试编写两种简单的信号灯模式。

A模式（正常模式）：红灯亮10秒，绿灯亮10秒，黄灯亮2秒。

B模式（拥堵模式）：红灯亮10秒，绿灯亮20秒，黄灯亮2秒。

如何通过红外遥控器切换不同的模式？

这时我们要用到**"如果"**积木，它表示：如果满足特定的条件，就执行相应的程序。

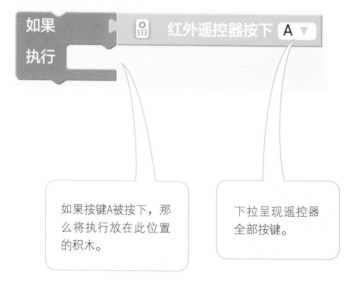

组合积木

从流程模块中拖出**"如果"**积木，将机器人模块中的**"红外遥控器"**积木放在**"如果"**积木右边，如上图。程序执行时，按下红外遥控器A键，**"如果"**积木块中执行部分的积木才会运行。如果没有按下A键，程序会跳过此积木，保持上一个状态，继续向下运行。

（四）参考程序

> 如果不加"重复执行"积木会怎样？

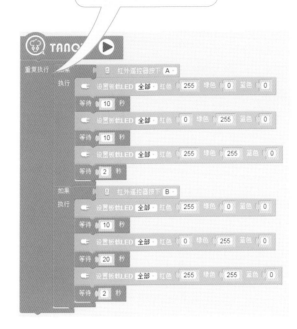

参考程序

（五）实践检验

在参考程序中，如果不加上**"重复执行"**积木，程序开始后，如右图的程序会瞬间运行完毕，而且在这个过程中如果没有检测到其中的任何一个条件，则什么都不会发生。所以需要加上**"重复执行"**积木，让程序循环执行。这样，当程序开始后，不管何时按键被按下，程序都能检测到。

不加"重复执行"的程序

三 总结回顾

这节课学习了如何做一个简单的交通信号灯，用到了"**如果**"积木和"**重复执行**"积木。我们经常会用到"**如果**"积木来进行条件判断，如果满足条件，则执行积木内部的程序，如果不满足条件则跳过此程序。

四 拓展延伸

1. 改善我们的程序，使其可以模拟真实的交通信号灯。

2. 两人组合，一人控制南北方向交通信号灯，一人控制东西方向交通信号灯，使南北方向红灯亮时，东西方向绿灯亮。

五 收获评价

学习收获评价表

序号	本节学习收获	分数				
		1	2	3	4	5
1	我认识了红外遥控器					
2	我学会了使用"红外遥控器"积木					
3	我学会了使用"如果"积木					
4	我能够独立解决发现的问题					
5	我能够自主完成拓展任务					
6	我能够和同学分享这节课的收获					

我还有话说：

_____

_____

_____

_____

第二章 简单编程

喜怒哀乐

人们通过不同的表情来表达喜怒哀乐，而机器人需要借助显示屏来表达。显示屏可以用来显示文字、图像、视频等信息，生活中常见的显示屏有LED点阵屏和液晶显示屏等。

T博士，我们可以让机器人显示表情吗？

让我们一起来探索吧！

一 学习目标

知识：认识LED点阵屏；学习"表情面板"积木。

技能与方法：学会设计方案，并根据方案制作可以显示表情的机器人。

情感、态度与价值观：擅于表达交流；知道点阵屏在生活中的应用。

二 探究发现

制作一个人形机器人，要求机器人能够按顺序循环显示不同的表情。

（一）设计拼装

机器人怎样才能
显示表情呢?

像素

　　我们仔细观察电视机的屏幕时会发现，电视机的屏幕会呈现许多小亮点，这些小亮点就构成了图像的像素。让相应的像素亮起来，就可以组成图形。

　　T博士编程机器人中的LED点阵屏中就包含一组8x16的LED灯。当相应的灯亮时，会显示出不同图形，比如一些有趣的表情。

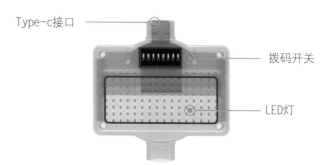

Type-c接口

拨码开关

LED灯

LED点阵屏

画出你设计的机器人结构，并试着拼装出来。

（二）参考造型

主机×1

方形块×18

LED点阵屏×1

三角块×1

连接条×2

连接环×1

连接头×10

扇形块×2

数据线×1

连接柱×3

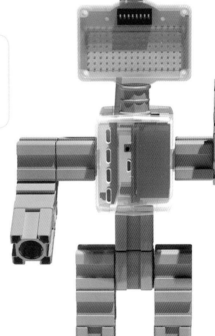

"喜怒哀乐"机器人参考造型

 （三）程序编写

探究1：

怎样编写程序来使LED点阵屏显示表情呢？

从机器人模块中拖出"**表情面板**"积木，使编号和LED点阵屏上边的拨码开关编号对应。

表情面板 积木

下拉呈现LED点阵屏编号1~8。

点击进入表情面板界面。

"**表情面板**"积木

在"**表情面板**"积木上点击 ，会弹出一个表情面板编辑界面。当小方格为蓝色时，LED点阵屏上所对应的灯则会被点亮。

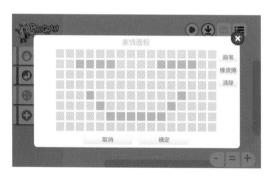

表情面板编辑界面

探索表情面板编辑界面上其他按钮 画笔 橡皮擦 清除 的功能。

探究2：

将"**表情面板**"积木和其他积木结合，使机器人能够按顺序循环显示不同的表情。

（四）参考程序

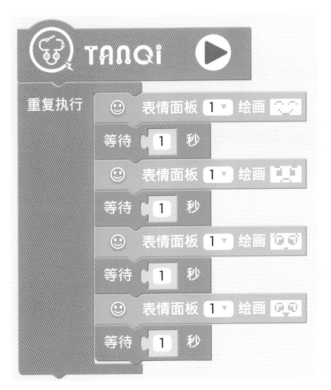

参考程序

总结回顾

这节课我们认识了LED点阵屏，并通过**"表情面板"**积木来控制它显示不同的表情。

拓展延伸

1. 尝试用遥控器来切换不同的表情。

2. 尝试探究"表情面板显示数字"积木、"表情面板显示时间"积木。

 收获评价

学习收获评价表

序号	本节学习收获	分数				
		1	2	3	4	5
1	我认识了LED点阵屏					
2	我学会了使用"表情面板"积木					
3	我能够独立解决发现的问题					
4	我能够自主完成拓展任务					
5	我能够和同学分享这节课的收获					

我还有话说：

_____

_____

_____

_____

距离测量

在生活中，人们通常用直尺、卷尺来测量距离。对于机器人来说，一般通过超声波传感器来检测它和前方障碍物的距离。

直尺、卷尺

一 学习目标

知识：认识超声波传感器；学习**"超声波传感器"**积木和**"表情面板显示数字"**积木。

技能与方法：学会使用超声波传感器测量距离，并设计拼装一个可以测量距离的机器人。

情感、态度与价值观：敢于实践，乐于分享。

二 探究发现

拼装一个测距机器人。

（一）设计拼装

为什么超声波传感器能够测量距离呢？

测距机器人长什么样子呢？

　　超声波是一种频率高于20000赫的声波。它方向性好，穿透力强，可用于测距、测速、清洗、焊接、碎石、杀菌消毒等。在医学、军事、工业、农业领域有很多的应用。超声波因其频率下限高于人的听觉上限而得名。

　　蝙蝠在飞行的时候就是通过发出超声波来判断前方是否有障碍物的。

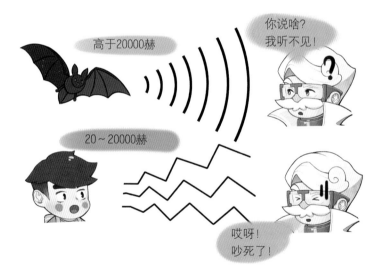

高于20000赫

你说啥？
我听不见！

20～20000赫

哎呀！
吵死了！

拨码开关

发射和接收装置

超声波传感器

　　根据蝙蝠用超声波检测障碍物的原理，人们发明了超声波传感器，超声波传感器是将超声波信号转换成其他能量信号（通常是电信号）的传感器。

　　超声波传感器包括发射器与接收器两部分。超声波发射器向某一方向发出超声波，超声波在空气中传播，遇到障碍物会反生反射现象，超声波接收器就会接收到返回的超声波，通过测得超声波收发过程中经历的时间就可以计算出它和障碍物之间的距离。超声波传感器测得距离的默认单位是厘米，使用超声波传感器便可以做一个测距机器人（下图仅为示意图，需要注意的是超声波在传播过程中有一定的发散性，并不会按照直线来传播）。

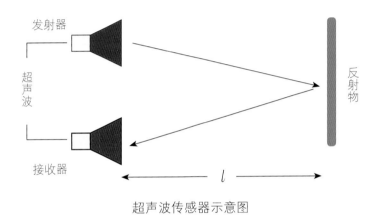

超声波传感器示意图

画出你设计的机器人结构，并试着拼装出来。

（二）参考造型

主机×1

短直线支架×2

小轮子×4

超声波传感器×1

LED点阵屏×1

小轮胎×4

方形块×4

传动器×4

数据线×2

螺帽×4

连接柱×1

连接头×4

连接环×2

测距机器人参考造型

下拉呈现传感器编号1~8。

（三）程序编写

从机器人模块中拖出"**超声波传感器**"积木，这个积木表示超声波传感器检测到的距离数值。

"超声波传感器"积木

如果我们想要显示出超声波传感器检测到的数值，可以将"**超声波传感器**"积木放到"**表情面板显示数字**"积木中，即可在LED点阵屏上看到测量的结果。

组合积木

运行上述程序我们会发现，LED点阵屏显示的数字不会随着超声波传感器的移动而改变，显示的数值只是程序开始一瞬间超声波检测到的数值。这时，我们需要使用"**重复执行**"积木，让数值随时更新，如下图。

添加"重复执行"积木

运行程序，测试超声波传感器的量程。

测试在以下几种情况下，LED点阵屏显示的数值分别是多少。

①将手捂住超声波传感器，显示距离为_____。

②对准无限远，显示距离为_____。

③前后移动超声波传感器，变化范围为_____。

总结：我们的超声波传感器检测的距离为1~400厘米。当测量距离大于400厘米时显示400，在此之间显示真实数值，当用手捂住超声波传感器时，显示400。

43

三　总结回顾

这节课我们了解了超声波可以测量距离，使用超声波传感器设计拼装了一个测距机器人，通过**"表情面板显示数字"**积木和**"超声波传感器"**积木可以直观地看到测量数据。

四　拓展延伸

尝试使用超声波传感器做一个身高测量仪。

五　收获评价

学习收获评价表

序号	本节学习收获	分数				
		1	2	3	4	5
1	我认识了超声波传感器					
2	我学会了使用"超声波传感器"积木					
3	我学会了使用"表情面板显示数字"积木					
4	我能够自主完成拓展任务					
5	我能够和同学分享这节课的收获					

我还有话说：

_____

_____

_____

_____

自动感应门

当有移动物体靠近门时，门能够自动开启、关闭，我们称这种门为自动感应门。这种门广泛应用于办公楼、商场、超市、机场等场所。自动感应门不仅给人们生活带来了便利，也节省了一定的人力和财力。

T博士，我们能不能做一个自动感应门呢？

我们用编程机器人来试试吧！

一 学习目标

知识：学习**"等待直到"**积木。

技能与方法：了解智能感应门的工作原理；能够使用超声波传感器解决问题；运用类比法制作一个智能感应门装置。

情感、态度与价值观：知道智能感应门在生活中的应用。

二 探究发现

做一个自动感应门，当检测到人的时候，门自动打开，并播放提示音。

（一）设计拼装

门的打开方式有多种，我们选择哪一种呢？

超声波传感器应该放置在哪个位置才能检测到人呢？

画出你设计的结构，并试着拼装出来。

（二）参考造型

主机×1

超声波传感器×1

电机×1

数据线×2

长直线支架×1

短直线支架×1

方形块×16

扇形块×4

连接环×1

连接头×11

回转器×1

连接条×1

连接柱×2

自动感应门参考造型

（三）程序编写

无人时，门是关闭状态；有人时，门会自动打开。应该如何编写程序来实现呢？

无人时，超声波传感器检测的是它到地面的距离l_1，当超声波检测到的距离$l<l_1$时，代表有人经过，门就会自动打开。从流程模块中拖出"**等待直到**"积木，从数值模块中拖出"**小于**"积木，从机器人模块中拖出"**超声波传感器**"积木，组合在一起，如下图。

组合积木

这三块积木组合在一起表示当超声波传感器检测的数值大于等于10的时候，程序会一直运行"**等待直到**"积木，保持之前的状态，直到超声波传感器检测的数值小于10，程序才会向下运行。

结合其他积木完成程序，可以在门打开时播放提示音。

（四）参考程序

参考程序

（五）实践检验

根据实际情况调整"小于"积木中的数值。

三 总结回顾

这节课我们学习了如何使用超声波传感器制作一个自动感应门装置，通过"等待直到"积木和"超声波传感器"积木控制门的闭合状态。

四 拓展延伸

在参考程序中，门在打开5秒后会自动关闭，如果门口还有人，那么会发生误伤，尝试修改程序来解决这个问题。

五 收获评价

学习收获评价表

序号	本节学习收获	分数				
		1	2	3	4	5
1	我能够使用超声波传感器解决问题					
2	我学会了使用"等待直到"积木					
3	我能够独立解决发现的问题					
4	我能够自主完成拓展任务					
5	我能够和同学分享这节课的收获					

我还有话说：

_____

_____

_____

智能宠物狗

现在越来越多的家庭开始饲养宠物，它们不但可爱，还可以陪伴我们生活。随着科技的发展，智能机器宠物也逐渐走进千家万户，它们让我们的生活缤纷多彩、趣味十足。

与智能宠物互动

T博士，智能宠物狗真好玩，我们能做一个吗？

我们一起来试试吧！

一　学习目标

知识：学习"**如果…否则**"积木；熟练使用"**等待直到**"积木并设计程序。

技能与方法：观察并设计一个智能宠物；能够使用超声波传感器解决问题。

情感、态度与价值观：培养爱护小动物的意识；畅想智能宠物未来的发展。

二 探究发现

拼装一只智能宠物狗，让它"看"到人时可以跟着跑，"看"不到人时停下来。

（一）设计拼装

智能宠物狗怎样才能"看"到人呢？

它要怎样才能跟着人跑呢？

画出你设计的结构，并试着拼装出来。

（二）参考造型

主机×1

超声波传感器×1

电机×1

螺帽×4

大轮子×2

大轮胎×2

小轮子×2

小轮胎×2

轴固定器×1

短直线支架×2

方形块×9

三角块×2

连接条×4

传动器×4

连接环×1

短轴×1

连接柱×2

智能宠物狗参考造型

（三）程序编写

小狗有眼睛，可以看到人，那机器狗怎样才能"看"到人呢？

机器狗要感知到人需要借助传感器，比如超声波传感器。我们将超声波传感器放置在机器狗的头部，正对前方，如果有人站在它的前面，机器狗就可以检测到它与人之间的距离。

我们假设距离小于80（模拟数值）时，代表机器狗"看"到了人；大于80时，机器狗"看"不到人。那么我们就可以设定，当距离小于80时，机器狗前进，否则机器狗原地不动。

（四）参考程序

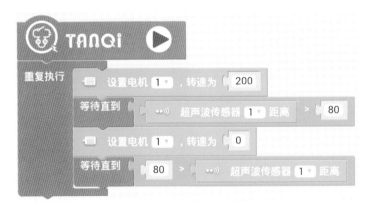

参考程序1

我们还有其他的方式来完成这个任务吗？你找到了几种方法？

可以尝试使用"**如果…否则**"积木，它在机器人模块中。

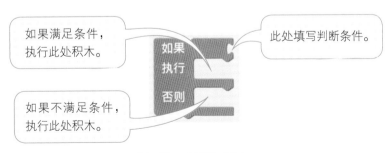

如果满足条件，执行此处积木。

此处填写判断条件。

如果不满足条件，执行此处积木。

"如果…否则"积木

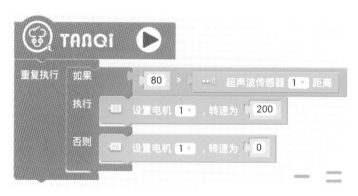

参考程序2

如果满足条件"超声波传感器检测的距离小于80",执行 设置电机 1▼ ，转速为 200 ；
如果不满足条件,执行 设置电机 1▼ ，转速为 0 。

（五）实践检验

调试程序,找到合适的距离数值和电机转速,完成任务。

三 总结回顾

超声波传感器检测到的距离决定了宠物机器狗的走或停。我们根据机器狗行动的时间顺序来分析程序,使用**"等待直到"**积木 等待直到 ,完成任务。

我们根据机器狗行动的条件来分析程序,使用**"如果…否则"**积木 如果 执行 否则 ,完成任务。

四 拓展延伸

试着改变造型和修改程序,使机器狗在"看"到人的时候摇尾巴。

收获评价

学习收获评价表

序号	本节学习收获	分数				
		1	2	3	4	5
1	我能够独立设计机器狗的结构					
2	我学会了使用"等待直到"积木					
3	我学会了使用"如果…否则"积木					
4	我能够独立解决发现的问题					
5	我能够自主完成拓展任务					
6	我能够和同学分享这节课的收获					

我还有话说：

_____

_____

_____

_____

遥控赛车

遥控赛车深受大家喜爱，它不仅可以开发智力，也可以提升动手能力和反应能力。

T博士，我也想玩儿遥控赛车。

我们用编程机器人来做一个吧！

一 学习目标

知识：熟练使用红外遥控器控制电机；熟练使用"**如果…否则**"积木。

技能与方法：运用类比法制作一辆遥控车。

情感、态度与价值观：不怕失败，擅于团队合作；体验遥控赛车带来的乐趣。

二 探究发现

拼装一辆赛车，当按红外遥控器的上键时，赛车向前行驶；按下键，赛车向后行驶；按左键，赛车向左转弯；按右键，赛车向右转弯；不按键，赛车不动。

（一）设计拼装

在"定点到达"课程中，我们设计了一辆小车，它只能前进或者后退，如果我们要做一个遥控赛车，使它不但能前进后退，还能左转右转，怎样改装"定点到达"小车呢？

我们发现"定点到达"小车，是用一个电机同时带动两个车轮，电机转动时两个车轮的速度一样，小车只能前进或后退。小车在转弯时，两个轮子的速度不同，所以在设计结构时使两个轮子的转速不一样即可。

"定点到达"小车

小车需要装几个电机呢？

小车的结构要怎么做呢？

画出你设计的结构，并试着拼装出来。

（二）参考造型

主机×1

电机×2

数据线×2

大轮子×2

大轮胎×2

传动器×2

螺帽×2

短三孔支架×1

方形块×6

扇形块×5

连接头×5

连接柱×2

遥控赛车参考造型

（三）程序编写

怎样通过红外遥控器来控制遥控赛车呢？

从机器人模块中拖出两个**"设置电机"**积木，设置两个电机的转速不同，即可实现转弯。

"设置电机"积木

以电机1接左轮、电机2接右轮为例，运行上图两个积木，赛车会以左轮为中心，以"255"的转速向左转圈。

红外遥控器上有上、下、左、右四个按键，怎样编写程序能够使赛车按照按键的方向移动呢？

从流程模块中拖出**"如果…否则"**积木，和**"设置电机"**积木、**"红外遥控器"**积木组合在一起，如右图。

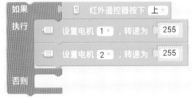

组合积木

（四）参考程序

参考程序

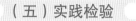

（五）实践检验

更改转弯时两个电机的数值，观察遥控赛车的行驶状况。

三 总结回顾

这节课我们拼装了遥控赛车，通过控制电机转速实现转弯，并使用"如果…否则"积木进行条件判断，使赛车能够按照红外遥控器的指令移动。

四 拓展延伸

1. 尝试更改程序，按前进键，让赛车前进20厘米后停止。
2. 尝试用"如果…否则"积木完成程序。

五 收获评价

学习收获评价表

序号	本节学习收获	分数				
		1	2	3	4	5
1	我能够独立设计赛车的结构					
2	我能熟练使用"如果…否则"积木					
3	我能够自主完成程序设计					
4	我能够自主完成拓展任务					
5	我能够和同学分享这节课的收获					

我还有话说：

_____

_____

_____

_____

应声而亮

楼道里的灯会应声而亮。这是一种声控技术，这种技术的发明和应用方便了我们的生活。

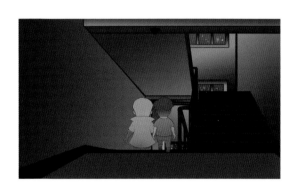

楼道中的声控灯

T博士，为什么我有时候从楼道经过，楼道的灯会应声而亮呢？

我们一起来探究一下吧！

一 学习目标

知识：认识声音传感器；学习"声音传感器"积木。

技能与方法：使用声音传感器设计并拼装一个声控灯。

情感、态度与价值观：知道声控灯的工作原理；了解科学如何改变我们的生活。

二　探究发现

制作一个声控灯，当有人发出声音的时候，灯亮5秒后自动熄灭。

（一）设计拼装

声控灯由哪几部分组成？

如何采集声音并控制灯的亮和灭呢？

麦克风

拨码开关

声音传感器

拼装声控灯需要使用声音传感器，它可以检测音量的大小。

画出你设计的结构，并试着拼装出来。

（二）参考造型

主机×1

声音传感器×1

连接条×4

数据线×1

方形块×16

三角块×1

连接头×11

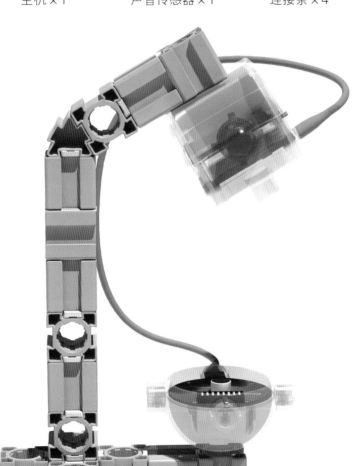
声控灯参考造型

（三）程序编写

当声音传感器检测到的音量大于一定值时，主机控制灯光打开，一段时间后灯会自动熄灭。

从机器人模块中拖出**"声音传感器"**积木，这个积木表示声音传感器检测到的音量数值。

下拉呈现传感器编号1～8。

"声音传感器"积木

组合积木

如何才能看到声音传感器检测的数值呢？我们可以直接用LED点阵屏来呈现。

我们发现周围环境相对安静时，音量值是300～400。当有物体发出声响时，数值会明显增高。那么，可以这样设置程序里的数值，当数值小于等于400时表示周围安静，灯不亮；当数值大于400时，表示有人经过，发出声响，灯亮。现在，请写出完整的程序。

（四）参考程序

方式一：

使用"等待直到"积木完成程序。

参考程序1

方式二：

使用"如果…否则"积木完成程序。

参考程序2

三 总结回顾

这节课我们利用声音传感器设计拼装了一个声控灯，并用两种方式完成了程序编写，一种是用**"等待直到"**积木的时间顺序，另一种是用**"如果…否则"**积木的条件语句结构。

四 拓展延伸

1. 我们还可以用声音传感器做哪些智能设备？
2. 编写程序时有多种方式，尝试用其他程序完成任务。

五 收获评价

学习收获评价表

序号	本节学习收获	分数				
		1	2	3	4	5
1	我能够独立设计声控灯的结构					
2	我认识了声音传感器					
3	我能够独立测试灯亮、灯灭的条件					
4	我能够自主完成拓展任务					
5	我能够和同学分享这节课的收获					

我还有话说：

_____

_____

_____

_____

有迹可循

人通过眼睛来判断周围的环境，选择行走的路线；火车可以沿着固定的轨道行驶。如何让小车也能按照指定的路线行走呢？

T博士，怎么才能做一辆这样的小车呢？

我们一起来探究一下吧！

一　学习目标

知识：学习使用巡线传感器；学习"**巡线传感器**"积木。

技能与方法：灵活使用巡线传感器，分析并设计拼装一辆巡线小车。

情感、态度与价值观：了解巡线技术在生活中的应用，激发改进巡线小车的兴趣。

二　探究发现

制作一辆能够沿着黑线行走的小车。

（一）设计拼装

想要让小车在桌面上沿着黑线走，就需要检测线的特征，识别线的位置。巡线传感器可以实现此功能。

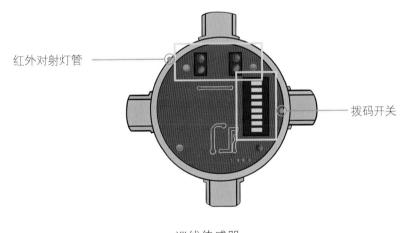

红外对射灯管

拨码开关

巡线传感器

巡线传感器上有两对红外对射灯管，其中每一对都包括一个透明的灯和一个黑色的灯。透明的灯可以发射红外线，黑色的灯可以接收桌面反射的红外线。巡线传感器通过检测接收到的红外线强弱来判断反射物的灰度，当灰度较高（桌面颜色比较深）时，传感器反馈给主机的信号是"黑色"；当灰度较低（桌面颜色比较浅）时，传感器反馈给主机的信号是"白色"。

巡线传感器上每一对灯管的背面都有一个可以发出蓝光的指示灯。巡线传感器检测到深色物体或者空气的时候，指示灯灭；检测到浅色物体的时候，指示灯亮，如下图。

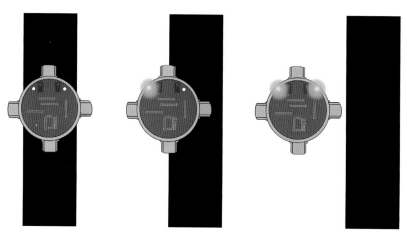

指示灯示意图

注意：巡线传感器必须与被检测的物体保持在1厘米左右的距离，物体才可以被识别。

画出你设计的结构，并试着拼装出来。

（二）参考造型

主机×1

电机×2

巡线传感器×1

数据线×3

大轮子×2

大轮胎×2

螺帽×2

传动器×2

连接环×5

短三孔支架×1

方形块×8

扇形块×9

万向轮×2

连接头×13

连接条×4

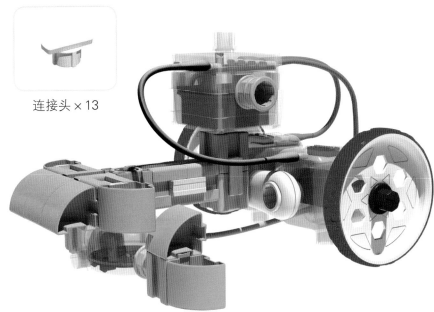
巡线小车参考造型

连接柱×2

（三）程序编写

从机器人模块中拖出"**巡线传感器**"积木，我们可以通过它来获取巡线传感器检测的结果。

"巡线传感器"积木

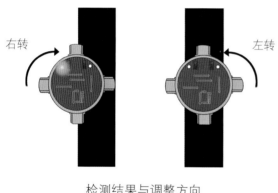

检测结果与调整方向

当巡线传感器检测到白色的时候，车体调整方向，走向黑色（即右转）；当传感器检测到黑线的时候，车体调整方向，走向白色（即左转）。根据以上分析，只使用左边这组灯管，完成程序。

（四）参考程序

以电机1连左轮、电机2连右轮为例：

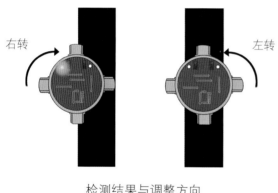

参考程序

（五）实践检验

调试程序，使小车行驶的路径更加接近于直线。

三 总结回顾

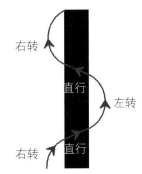

轨迹为直线时：
右转—直行—左转—直行—右转

直线巡线轨迹

小车在巡线时巡的其实并不是黑线，而是黑色和白色的交界处。在实际提出编程思想时会出现这种情况：

巡线轨迹为直线时，如右图，当车在线左边的时候右转，走到黑线的时候直行，走出黑线到白色的时候再左转，然后沿黑线直行，走出黑线右转，如此循环。

当巡线轨迹不为直线时，如左图，如果仍然按照"右转—直行—左转—直行"的程序执行，小车就会冲出线外。所以在检测到黑线时不应直行，而应左转，才能顺利巡线。

当小车巡线的时候，我们发现，小车的运动轨迹并不是完全和线一样，而是沿着黑白交界处走"之"字。如果想让小车的轨迹和线的轨迹完全吻合，需要更深层次的学习。

轨迹为曲线时：
右转—左转—右转

非直线巡线轨迹

四 拓展延伸

1. 只使用巡线传感器右边灯组，编写程序。

2. 尝试用巡线传感器两个灯组编写程序，参考程序如下：

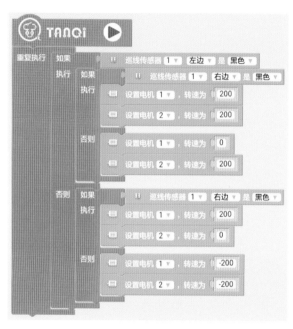

参考程序

五　收获评价

学习收获评价表

序号	本节学习收获	分数				
		1	2	3	4	5
1	我能够独立设计车体的结构					
2	我认识了巡线传感器					
3	我学会了使用"巡线传感器"积木					
4	我能够自主完成拓展任务					
5	我能够和同学分享这节课的收获					

我还有话说：

_____

_____

_____

_____

悬崖勒马

成语"**悬崖勒马**"的意思是在高高的山崖边上勒住马，比喻到了危险的边缘及时清醒回头。

如何让在桌子上行驶的小车跑到桌子边缘时"**悬崖勒马**"呢？

悬崖勒马

一　学习目标

知识：学习使用巡线传感器和超声波传感器。

技能与方法：学会设计方案，并根据方案拼装一辆不会从桌子上掉下的小车。

情感、态度与价值观：乐于与他人合作；了解科学技术对生活产生的影响。

二　探究发现

制作一辆小车，在白色桌面上行驶，要求行驶到桌子边缘时能够自动停止，发出警报并后退。

（一）设计拼装

小车怎样能够检测到桌子边缘呢？

传感器应该放在哪个位置呢？

小车行驶到桌子边缘时，我们能够用眼睛观察到小车是否走到了边缘，但是小车怎样进行判断呢？

可以使用巡线传感器进行检测，将巡线传感器朝下放置在车前。当小车在桌子上行驶时，巡线传感器检测到的是桌子的颜色，传感器反馈给主机的信号是"白色"；当小车到达桌子边缘时，检测到的是空气，反馈的信号是"黑色"。

画出你设计的结构，并试着拼装出来。

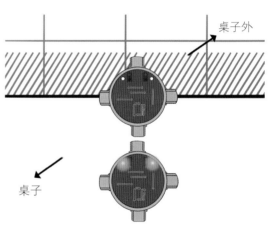

桌子外

桌子

检测示意图

（二）参考造型

主机×1

数据线×2

巡线传感器×1

电机×1

大轮子×2

大轮胎×2

螺帽×2

长轴×1

万向轮×2

连接环×2

方形块×6

扇形块×2

连接头×8

轴固定器×2

"悬崖勒马"小车参考造型

（三）程序编写

打开程序，找到"巡线传感器"
积木，结合其他积木，按照流程图完
成程序。

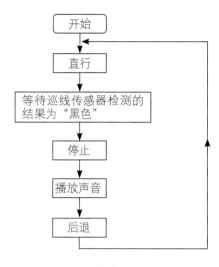

程序流程图

（四）参考程序

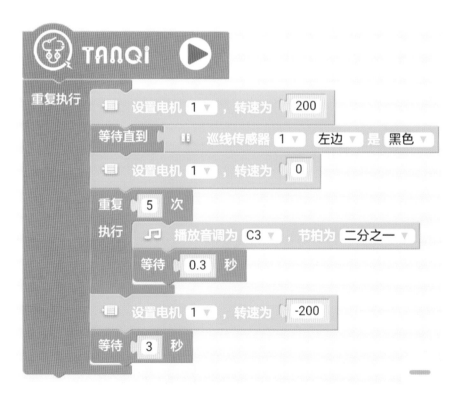

参考程序

（五）实践检验

调整小车的结构或者程序，使小车能在跑到边缘的时候及时停止。

三 总结回顾

这节课我们使用巡线传感器制作了一辆可以"**悬崖勒马**"的小车，在拼装造型时需要注意巡线传感器放置的位置和高度，这两个因素都会影响小车能否及时"**悬崖勒马**"。

四 拓展延伸

1. 尝试用超声波传感器来实现"**悬崖勒马**"的效果。
2. 尝试让小车"**悬崖勒马**"后调头。

五 收获评价

学习收获评价表

序号	本节学习收获	分数				
		1	2	3	4	5
1	我能够独立解决发现的问题					
2	我能够自主完成拓展任务					
3	我按照自己的想法对拓展任务进行了深度拓展					
4	我能够和同学分享这节课的收获					

我还有话说：

_____

_____

_____

_____

直升机

直升机

迄今为止，人们发明了各种各样的飞行器，直升机就是其中的一种。它可以在空中做出直升、悬停、倒退等动作，极大地拓展了飞行器的应用范围。

T博士，我们能不能做一架直升机呢？

我们来试一下吧！

一　学习目标

知识：进一步学习超声波传感器。

技能与方法：能够熟练使用简单编程积木；观察并设计拼装一架直升机。

情感、态度与价值观：乐于探究；体验交通工具的发展为生活带来的便利。

二 探究发现

拼搭出有主旋翼和副旋翼的直升机造型并编写程序，当拿起直升机的时候，主旋翼和副旋翼转动，放在桌面上时，主旋翼和副旋翼停止转动。

（一）设计拼装

直升机由哪几部分组成？

选用哪个传感器来检测直升机是否离开桌面？

如何用一个电机带动两个旋翼？

这个传感器应该放在直升机的哪个位置？

我们可以用两个皇冠球以及链条来将电机的动力传送到两个旋翼。画出你设计的结构，并试着拼装出来。

（二）参考造型

主机×1

超声波传感器×1

电机×1

数据线×2

长直线支架×2

短直线支架×2

弧形支架×4

连接环×7

智能皇冠球×2

橙色宝石球×1

方形块×26

扇形块×7

旋风四合扇×1

小齿轮×2

链条若干

对角支架×1

传动器×2

连接头×5

螺帽×1

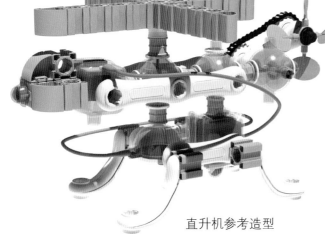

直升机参考造型

80

（三）程序编写

流程模块中有许多积木，可用在不同场景中，那么，它们能够解决同一问题吗？尝试使用以下三种积木来完成任务。

1. "等待直到"积木 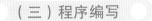 。

2. "如果"积木 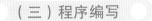 。

3. "如果…否则"积木 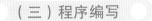 。

（四）参考程序

参考程序1

参考程序2

参考程序3

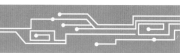

（五）实践检验

根据现场情况，测试超声波传感器和桌面的距离，将此数值作为直升机旋翼旋转和停止条件的判定值。

三　总结回顾

这节课我们拼装了一个直升机的造型，使用超声波传感器来检测直升机和桌面的距离。通过熟练使用**"等待直到"**积木、**"如果"**积木和**"如果…否则"**积木来完成相同的任务。

四　拓展延伸

更改程序，使直升机距离地面越高，旋翼转速越快。

五　收获评价

学习收获评价表

序号	本节学习收获	分数				
		1	2	3	4	5
1	我能够使用超声波传感器解决问题					
2	我能够熟练使用流程模块中的积木					
3	我能够自主完成拓展任务					
4	我按照自己的想法对拓展任务进行了深度拓展					
5	我能够和同学分享这节课的收获					

我还有话说：

_____

_____

_____

_____

倒车雷达

倒车入库是对司机车技的考验。司机可以通过倒车镜来观察车后方路况，避免撞到东西，但是这种方式难以把握距离，依然会有撞到东西的风险。倒车雷达的出现大大降低了这个风险。

倒车入库

T博士，能不能把倒车雷达运用到我们的小车上呢？

一起来试一下吧！

一 学习目标

知识：深入学习超声波传感器。

技能与方法：正确使用各个编程积木，分析并设计拼装一个带有倒车雷达的小车。

情感、态度与价值观：能够冷静分析、解决编程中遇到的问题。

二 探究发现

拼装一辆有倒车雷达的小车，要求小车在倒车的时候，距离后边的障碍物越近，提示音频率越高，在距离障碍物非常近时自动停下来。

（一）设计拼装

如何设计小车的结构呢？

画出你设计的结构，并试着拼装出来。

（二）参考造型

主机×1

电机×2

超声波传感器×1

短三孔支架×2

大轮子×2

大轮胎×2

传动器×2

螺帽×2

连接环×1

数据线×3

方形块×5

扇形块×5

连接头×6

连接条×2

连接柱×1

万向轮×1

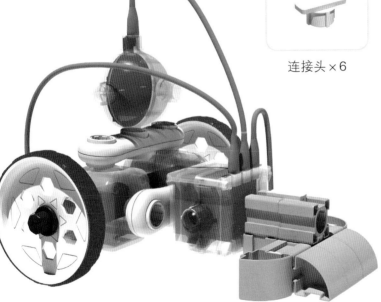

"倒车雷达"小车参考造型

（三）程序编写

程序启动后，小车正常倒车；当距离近时，小车慢速倒车，蜂鸣器发出低频率警报声；当距离更近时，小车慢速倒车，蜂鸣器发出高频率警报声；当进入危险距离时，小车停止。

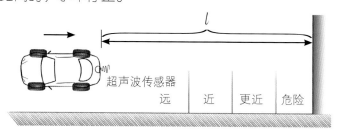

车距示意图

根据上述分析，写出完整程序。

（四）参考程序

参考程序

（五）实践检验

每个距离范围的界定值要根据实际情况确定，我们可通过多次测试得到合适的值。

三　总结回顾

这节课我们使用超声波传感器制作了一辆装有倒车雷达的小车，模拟了汽车倒车的情形，通过"**如果…否则**"积木和"**小于**"积木来判断小车与后方障碍物的距离并实现相应的倒车雷达功能。

四　拓展延伸

尝试让小车倒车时，显示出车与障碍物之间的距离。

五　收获评价

学习收获评价表

序号	本节学习收获	分数				
		1	2	3	4	5
1	我能够独立设计小车的结构					
2	我能够熟练掌握"如果…否则"积木					
3	我能够自主完成程序设计					
4	我能够自主完成拓展任务					
5	我能够和同学分享这节课的收获					

我还有话说：

_____

_____

_____

_____

智能门禁

门禁系统从传统的门锁发展到磁卡锁，再到感应卡式门锁、指纹门锁、面部识别门锁等。它们在安全性、方便性、易管理性等方面各有所长，门禁系统的应用领域也越来越广泛。

一 学习目标

知识：学习巡线传感器。

技能与方法：灵活使用巡线传感器并制作一个智能门禁设备。

情感、态度与价值观：乐于运用科学知识解决生活中的问题。

二 探究发现

制作一个感应式门禁，刷卡即可开门。

（一）设计拼装

用什么传感器来检测刷卡呢?

我们已经学习过三种传感器：声音传感器、超声波传感器和巡线传感器。

如果想要实现刷卡开门，需要让刷卡器感应到卡片。根据我们学过的传感器知识，声音传感器只能够检测音量的大小，所以不能使用。超声波传感器虽然可以检测它和前方物体的距离，但是不能判断这个物体是不是卡片，所以不能使用。巡线传感器可以检测黑白信号，当传感器前方什么都没有的时候，检测结果为"黑色"，当刷白色卡的时候，检测结果为"白色"，所以可以选用巡线传感器来制作门禁的刷卡器。

画出你设计的结构，并试着拼装出来。

（二）参考造型

主机×1

巡线传感器×1

电机×1

数据线×2

短直线支架×1

方形块×20

回转器×1

连接条×16

连接头×7

连接柱×4

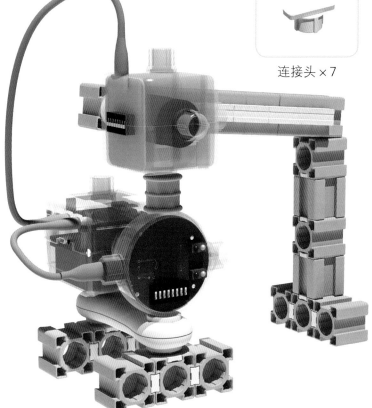

智能门禁参考造型

（三）程序编写

如果想要使用巡线传感器模拟真实的门禁，需要实现以下功能：没有人刷卡，门保持关闭状态；有人刷卡，刷卡器检测结果为"白色"时，播放声音，门打开数秒后关闭；刷卡器检测结果为"黑色"时，门继续保持关闭状态。

根据以上分析完成程序。

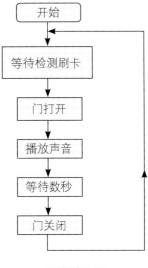

程序流程图

（四）参考程序

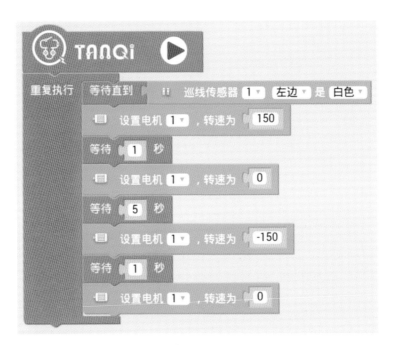

参考程序

（五）实践检验

测试电机的转速以及在旋转几秒后能将门完全打开。

三 总结回顾

这节课我们模拟了简单的刷卡门禁，选用巡线传感器作为刷卡器检测是否刷卡，但是由于检测的结果只有"黑色""白色"两种情况，所以，只有用白色或浅色的卡，门才会自动打开。

四 拓展延伸

结合其他传感器，更改造型和程序，实现开门后人走远了才关门。

五 收获评价

学习收获评价表

序号	本节学习收获	分数				
		1	2	3	4	5
1	我能够独立解决发现的问题					
2	我能够使用巡线传感器解决问题					
3	我能够自主完成程序设计					
4	我能够自主完成拓展任务					
5	我能够和同学分享这节课的收获					

我还有话说：

_____

_____

_____

_____

重物提升

起重机可分为移动式起重机（又称吊车）、塔吊和桅杆式起重机三大类。起重机可以帮助人们搬运重物，大大方便了人们的生产和生活。

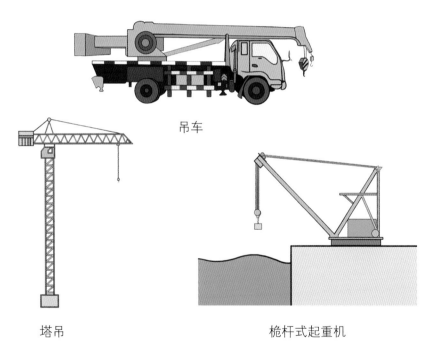

吊车

塔吊　　　　　　　　　　桅杆式起重机

一　学习目标

知识：进一步学习红外遥控器。

技能与方法：学会使用红外遥控器控制电机，制作一辆可以遥控的吊车。

情感、态度与价值观：了解不同类型的起重机在不同场景的使用；了解重型机械对城市建设的重要性。

二 探究发现

拼装一辆吊车，要求可以遥控吊钩的上下运动和吊臂的左右转动。

（一）设计拼装

吊车长什么样子？

用几个电机才能实现吊钩的上下运动和吊臂的左右旋转呢？

画出你设计的结构，并试着拼装出来。

（二）参考造型

主机×1

电机×2

长直线支架×4

橙色宝石球×4

数据线×2

大轮子×4

大轮胎×4

传动器×6

小轮子×3

回转器×1

连接环×7

螺帽×6

方形块×16

棉线×1

扇形块×2

吊车参考造型

小轮胎×1

连接条×14

95

（三）程序编写

可以用红外遥控器上、下、左、右四个按键控制吊钩的上下运动和吊臂的左右旋转。使用"如果…否则"积木完成程序。

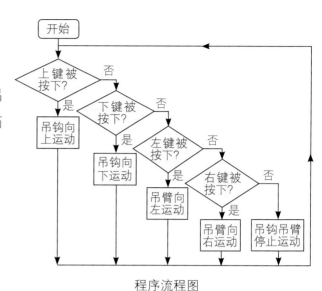

程序流程图

（四）参考程序

以电机1控制吊钩，电机2控制吊臂为例：

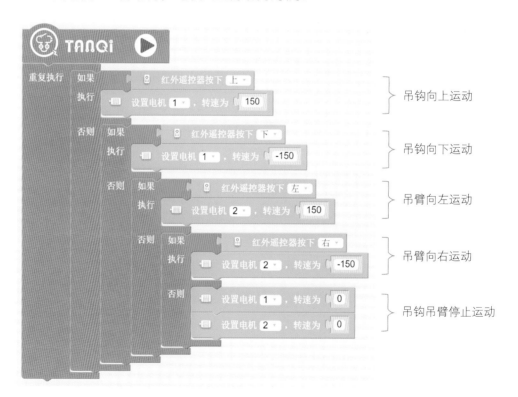

参考程序

96

 **总结回顾**

这节课我们拼装了一辆吊车，用两个电机分别来控制吊钩和吊臂，使用"**如果…否则**"积木和"**红外遥控器**"积木来实现吊钩的上下运动和吊臂的左右旋转。

四 拓展延伸

更改结构和程序，增加遥控吊车前后移动的功能。

五 收获评价

学习收获评价表

序号	本节学习收获	分数				
		1	2	3	4	5
1	我能够独立解决发现的问题					
2	我能够独立设计吊车结构					
3	我能熟练运用"如果…否则"积木					
4	我能够自主完成拓展任务					
5	我能够和同学分享这节课的收获					

我还有话说：

_____

_____

_____

_____

生日快乐

过生日时，我们会在许完愿望之后将蜡烛吹灭。蜡烛燃烧会存在安全隐患，为了保证安全并烘托气氛，电子蜡烛应运而生。电子蜡烛安全环保、美观大方，还可以避免火焰引燃其他物品的情况发生，适用于各个场合，也可作为装饰。

T博士，电子蜡烛听起来好酷啊，我们能不能做一支呢？

那使用T博士编程机器人来试试吧！

一　学习目标

知识：学习声音传感器。

技能与方法：通过设计拼装一支电子蜡烛，培养形象思维。

情感、态度与价值观：畅想电子蜡烛未来的发展。

 探究发现

制作电子蜡烛，模拟点蜡烛和吹蜡烛的过程。

（一）设计拼装

用什么传感器能够检测到吹气呢？

用什么能模拟蜡烛的亮灭呢？

根据任务要求，可以使用主机上的LED灯来代表蜡烛；使用红外遥控器模拟点燃蜡烛的过程，按下指定按钮，LED灯亮起；使用声音传感器模拟吹蜡烛的过程，吹气时，声音传感器检测到音量增大，LED灯熄灭。

画出你设计的结构，并试着拼装出来。

（二）参考造型

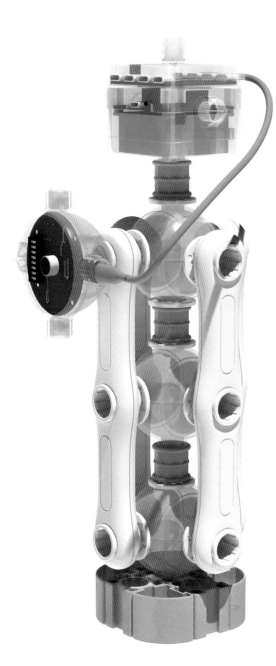

电子蜡烛参考造型

主机×1

声音传感器×1

扇形块×4

橙色宝石球×3

连接环×3

方形块×4

数据线×1

长直线支架×4

连接条×4

（三）程序编写

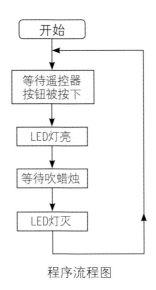

程序流程图

（四）参考程序

参考程序

（五）实践检验

根据现场情况，测试当声音传感器检测到的音量大于多少时蜡烛才会灭。

 **总结回顾**

这节课我们使用红外遥控器、LED灯和声音传感器制作了电子蜡烛，模拟点蜡烛和吹蜡烛的过程。当我们对着声音传感器吹气时，传感器上的麦克风上方由于气流吹过产生振动，形成声音。声音传感器检测到声音时，通过"**大于**"积木进行条件判断，执行指定积木，控制LED灯熄灭。

拓展延伸

更改程序，当吹气较小时，蜡烛闪烁但不熄灭；当吹气变大时，蜡烛才会被吹灭。

收获评价

学习收获评价表

序号	本节学习收获	分数				
		1	2	3	4	5
1	我能够独立解决发现的问题					
2	我能够独立设计电子蜡烛的结构					
3	我能够自主完成程序					
4	我能够自主完成拓展任务					
5	我能够和同学分享这节课的收获					

我还有话说：

_____

_____

_____

_____

清凉一夏

如今电风扇已经走进千家万户，电风扇的控制方式也从单一的按键式增加了遥控等方式，使用起来更加方便。

T博士，我想做一台遥控电风扇感受一下。

思考一下，怎样做一台有创意的遥控电风扇呢？

一 学习目标

知识：学习"**如果**"积木。

技能与方法：通过编写遥控电风扇程序，培养逻辑思维。

情感、态度与价值观：保持探索、创新的热情。

二 探究发现

制作一台可以遥控切换挡位的电风扇。

（一）设计拼装

常见的电风扇长什么样子呢？

　　常见的电风扇有三个挡位，分别是一、二、三挡，一挡最慢，三挡最快。当按下红外遥控器上数字按键1、2、3时，电风扇就会切换到对应挡位，当我们按下0的时候，电风扇停止转动。

　　画出你设计的结构，并试着拼装出来。

（二）参考造型

主机×1

电机×1

传动器×1

连接环×1

旋风四合扇×1

螺帽×1

数据线×1

连接头×1

连接条×4

扇形块×4

方形块×12

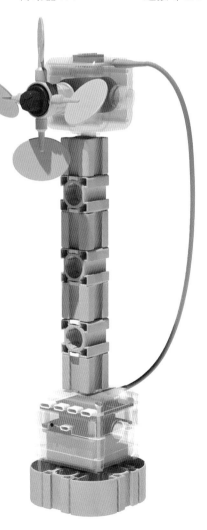

遥控电风扇参考造型

（三）程序编写

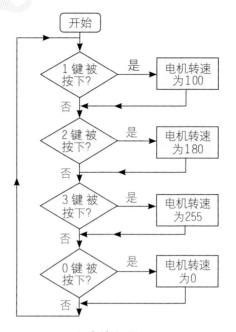

程序流程图

（四）参考程序

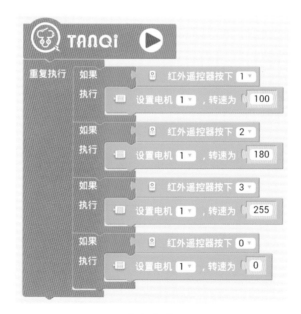

参考程序

三 总结回顾

遥控电风扇通过按下红外遥控器上的0、1、2、3按键来控制电机不同的转速，从而实现对风扇挡位的控制。在写程序前需要考虑每个挡位之间的关系，进而分析要选用哪些积木，这样才能提高编程的效率。

四 拓展延伸

尝试实现以下任意一种功能：

1. 当人和电风扇的距离在一定范围内时，电风扇自动打开。
2. 当人拍手时，电风扇打开；再次拍手，电风扇停止。
3. 增加睡眠按钮，按下按钮后，电风扇转动一定的时间后自动停止。

五 收获评价

学习收获评价表

序号	本节学习收获	分数				
		1	2	3	4	5
1	我能够独立解决发现的问题					
2	我能够独立设计电风扇的造型					
3	我能够熟练使用"如果"积木					
4	我能够自主完成拓展任务					
5	我能够和同学分享这节课的收获					

我还有话说：

_____

_____

_____

_____

投篮高手

投篮机

投篮机又称篮球机、街头篮球机，是根据篮球运动中的投篮动作开发的一种新兴体育休闲设备。游戏者不需要任何篮球基础就可以进行投篮机游戏，游戏有益有趣。投篮机的自动计分相较于手拨计分板也有了很大的进步。

一 学习目标

知识：学习"变量"积木。

技能与方法：学会运用类比法制作一台可以计分的投篮机。

情感、态度与价值观：学会设计游戏和游戏规则，体验游戏带来的乐趣。

二 探究发现

制作一台可以计分并将分数显示出来的投篮机，当进球时，分数加1。

（一）设计拼装

用什么传感器来检测进球呢？

怎样才能将得分显示出来呢？

超声波传感器能够检测距离，将超声波传感器放置在篮筐上，没有进球时，检测到的是传感器和篮筐之间的距离，设为l_1；进球的瞬间，检测到的是传感器和球之间的距离，设为l_2，$l_1 > l_2$。当传感器检测到的数值小于l_1时即为进球。

画出你设计的结构，并试着拼装出来。

（二）参考造型

主机×1

连接头×14

连接条×8

长直线支架×2

LED点阵屏×1

连接环×15

连接柱×17

方形块×23

超声波传感器×1

数据线×2

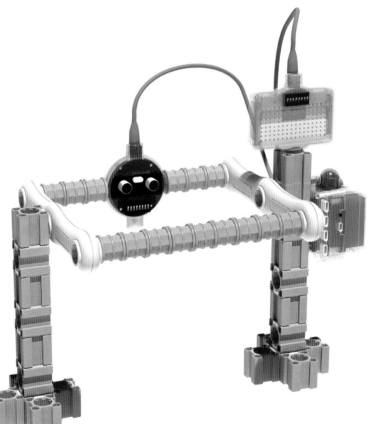

投篮机参考造型

（三）程序编写

根据任务要求，投篮机需要记录得分数并及时显示出来。那么，我们怎样通过程序来记录得分数呢？

得分数是一个可以随着进球数的增加而改变的变量，在程序中，要记录变量并且调取变量，就需要用到"**变量**"积木。

在新建模块中点击"**创建变量**"，将新建变量命名为"**得分**"，即出现如下图所示的积木。那么怎样利用这些积木呢？

"变量"积木

投篮机的分数是从0开始的，所以要将变量"**得分**"设置为0。我们从新建变量模块中拖出"**将变量设置为**"积木来进行设置，如下图。

点击输入数值，或者将其他表示数字的积木放置此处。

"将变量设置为"积木

每进一球得分数会加1，我们可以使用"**将变量的值增加**"积木来实现，如下图。

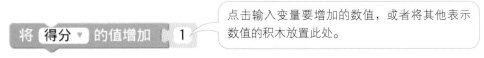

点击输入变量要增加的数值，或者将其他表示数值的积木放置此处。

"将变量的值增加"积木

在造型上，投篮机要将变量"得分"的数值显示在LED点阵屏上。

在程序上，如果要将分数显示出来，需要拖出**"得分"**积木放置在**"表情面板显示数字"**积木中，如下图。

组合积木

利用变量积木和其他积木，完善程序。

（四）参考程序

参考程序

（五）实践检验

在参考程序中，去掉**"将变量得分设置为0"**积木，多次运行程序，观察有什么不同。

总结回顾

投篮机显示的分数会随着进球数的增加而增加，我们通过使用和变量相关的积木来实现这一功能。在使用变量时，我们需要新建一个变量，并且给它赋值，然后再根据实际情况灵活使用。

为了增加趣味性，可改变结构使投篮机移动起来。

五 收获评价

学习收获评价表

序号	本节学习收获	分数				
		1	2	3	4	5
1	我能够独立解决发现的问题					
2	我学会了使用和变量相关的积木					
3	我能够独立完成程序					
4	我能够自主完成拓展任务					
5	我能够和同学分享这节课的收获					

我还有话说：

_____

_____

_____

_____

清洁卫士

能够清洁地板的扫地机器人

扫地机器人是智能家用电器的一种。它可以在房间内自动完成地板清洁工作，节省人们的时间。

我们的机器人能否像扫地机器人一样，走遍整个房间？

设定机器人的清扫路线就可以。

一 学习目标

知识：综合运用多种积木块。

技能与方法：根据机器人实际运行情况，使用多种方法解决问题。

情感、态度与价值观：有耐心，永不气馁地去调试程序的参数。

二 探究发现

制作一个可以自动避开障碍物并且能够走遍房间的扫地机器人。

(一)设计拼装

机器人应该设计成什么构造才能够在室内行动自如呢？

画出你设计的结构，并试着拼装出来。

（二）参考造型

主机×1

电机×2

数据线×3

大轮子×2

大轮胎×2

传动器×2

螺帽×2

短三孔支架×1

方形块×6

扇形块×5

连接头×5

超声波传感器×1

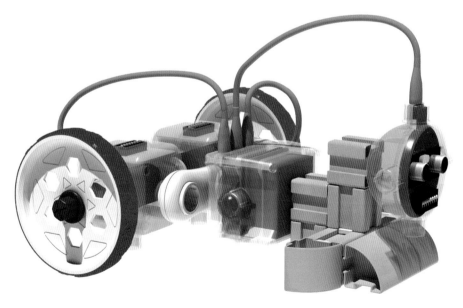

扫地机器人参考造型

（三）程序编写

如果扫地机器人要跑遍整个房间，需要按照U形的轨迹来行驶。

根据场地图，大致将扫地机器人的行驶轨迹画出来，进行分析。可以发现：扫地机器人直行，直到超声波传感器检测距离小于某个数值后左转，随后继续直行，再左转；或者扫地机器人直行直到超声波传感器检测距离小于某个数值后右转，随后继续直行，再右转。

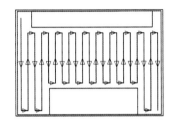

扫地机器人行驶轨迹

来看下面的几种转弯程序（电机1连接左轮，电机2连接右轮）：

1. 右转时，右轮不动，左轮向前转动，扫地机器人右转90度后直行。

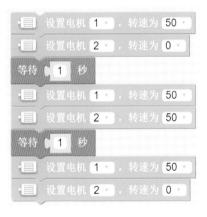

程序1　　　　　　　　轨迹1

2. 右转时，左轮向前转，右轮向后转，扫地机器人原地右转90度后直行。

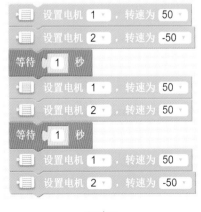
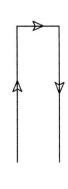

程序2　　　　　　　　轨迹2

3. 右转时，右轮不动，左轮向前转动，扫地机器人围绕右轮旋转180度。

程序3　　　　　　　　　　　轨迹3

根据以上分析，选择转弯方式，完成程序。

（四）参考程序

以第三种转弯方式为例。

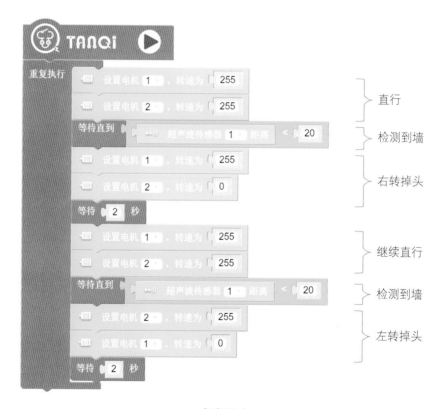

参考程序

（五）实践检验

1. 测试超声波检测的距离小于哪个数值的时候转向。

2. 测试左右电机转多长时间能够让扫地机器人转180度。

三 总结回顾

我们拼装的扫地机器人使用超声波传感器来检测前方障碍物，实现自动避障，完成跑遍整个房间的任务。扫地机器人在执行任务时，需要根据行驶路线设定相应参数。

四 拓展延伸

尝试使用其他两种转弯方式完成任务。

四 收获评价

学习收获评价表

序号	本节学习收获	分数				
		1	2	3	4	5
1	我能够独立解决发现的问题					
2	我能够综合应用积木块完成程序					
3	我能够独立测试程序中需要的数据					
4	我能够自主完成拓展任务					
5	我能够和同学分享这节课的收获					

我还有话说：

_____

_____

_____

_____

智能运算

算数的历史源远流长，是人类文明的重要组成部分。人们采用的计算方式也在不断发展，从手工计算（绳子打结、筹算、珠算等）到机械计算（计步器、千米计数器等）再到电子计算（电子计算器等）。计算器可以帮我们进行复杂的数据运算，大大节省运算时间。

一 学习目标

知识：学习熟练使用"**变量**"积木；学习"**重复执行直到**"积木。

技能与方法：运用类比法设计一个简单的加法计算器。

情感、态度与价值观：了解计算工具的发展以及计算机给人们生活带来的便利。

二 探究发现

制作一个简单的加法计算器，用遥控器输入两个加数，并将计算结果显示在LED点阵屏上。

（一）设计拼装

画出你设计的结构，并试着拼装出来。

（二）参考造型

主机×1

三角块×1

连接条×13

连接头×4

LED点阵屏×1

连接环×1

方形块×13

数据线×1

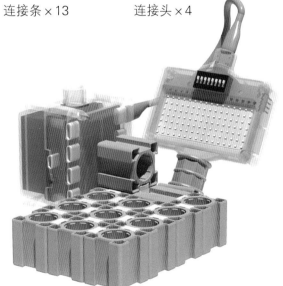

加法计算器参考造型

（三）程序编写

进行加法计算时需要输入两个加数。在程序中新建两个变量，将两个新建变量命名为"加数1"和"加数2"。程序开始，用遥控器输入第一个加数，并用变量"加数1"记录，然后按下设置键，结束第一个加数的输入。以相同的方式，用变量"加数2"记录第二个加数。最后由主机自动求和并将结果显示在LED点阵屏上。

组合积木

给出变量"加数1"记录第一个加数的部分程序，如左图，这里用到一个新的积木："**重复执行直到**"积木。这段程序在运行期间，会一直按顺序重复运行几个"**如果**"积木，直到遥控器上的设置键被按下，程序才会向下接着运行。

使用本段程序，结合其他的积木完成任务。

（四）参考程序

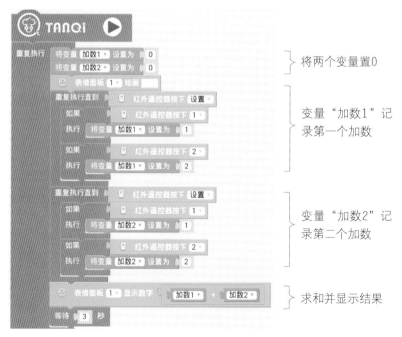

参考程序

（五）实践检验

在参考程序中，加数的范围只有1和2，尝试将程序补充完整。

三 总结回顾

加法计算器的程序用到了两个变量来记录输入的加数，通过计算将结果显示到LED点阵屏上。在程序中使用"**重复执行直到**"积木，跳出重复执行，完成数字的输入。

四 拓展延伸

改变程序，尝试做乘法或者除法运算。

五 收获评价

学习收获评价表

序号	本节学习收获	分数				
		1	2	3	4	5
1	我能够独立解决发现的问题					
2	我学会了使用"重复执行直到"积木					
3	我能够用"变量"积木解决问题					
4	我能够自主完成拓展任务					
5	我能够和同学分享这节课的收获					

我还有话说：

安全避障

人在走路时看到障碍物，大脑会判断出躲避的方向。机器人在行驶时，也能通过超声波传感器检测到障碍物，检测到的信号经过主机处理后，可指挥机器人避开障碍物。

一 学习目标

知识：深入学习超声波传感器。

技能与方法：灵活使用超声波传感器设计一个可以判断障碍物方向并避障的机器人。

情感、态度与价值观：了解生产生活中的安全措施，知道安全生产的重要性。

二 探究发现

制作一个可以灵活躲避障碍物的机器人。要求它可以在检测到障碍物时停下并观察左右两侧情况（左右只有一侧有障碍物），再选择左转或者右转。

（一）设计拼装

怎样使超声波传感器"扭头"呢？

机器人的结构要怎样设计呢？

如果想要机器人碰到障碍物时，能够判断左右两边的情况，需要将超声波传感器连接到电机，放置在机器人前方。

画出你设计的结构，并试着拼装出来。

（二）参考造型

主机×1

超声波传感器×1

电机×3

数据线×4

大轮子×2

大轮胎×2

螺帽×2

传动器×2

万向轮×2

短三孔支架×2

短直线支架×2

连接头×2

回转器×1

连接环×7

方形块×2

橙色宝石球×3

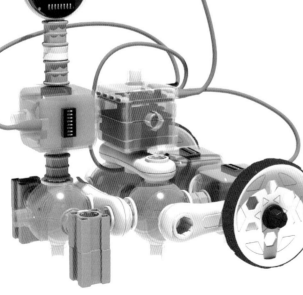

避障机器人参考造型

（三）程序编写

当机器人碰到障碍物时，电机带动超声波传感器向左转动，如果左侧没有障碍物，机器人则左转；如果左侧有障碍物，超声波传感器回到初始位置，机器人向右转，然后继续直行，直到前方碰到下一个障碍物。根据以上分析，完成程序。

（四）参考程序

电机1连接左轮，电机2连接右轮，电机3连接超声波传感器。

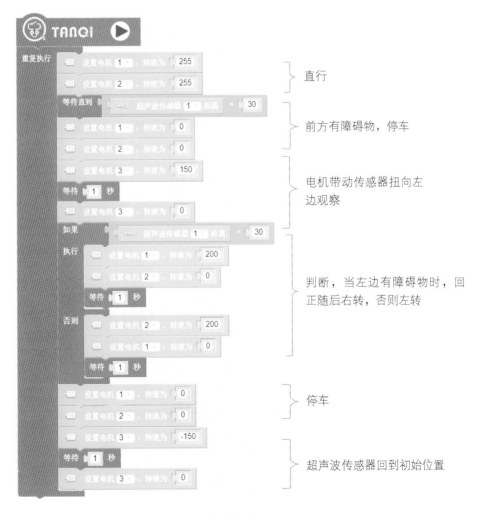

参考程序

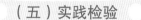

（五）实践检验

根据实际情况，调整程序中的数值。

三 总结回顾

这节课我们使用电机控制超声波传感器制作了一个可以检测左右两侧情况的高级避障机器人，通过"**等待直到**"积木和"**如果…否则**"积木进行条件判断，并根据实际情况，测试机器人转弯的时间和速度，完成避障任务。

四 拓展延伸

放置多个障碍物，调试程序，使机器人顺利通过。

五 收获评价

学习收获评价表

序号	本节学习收获	分数				
		1	2	3	4	5
1	我能够独立解决发现的问题					
2	我能够使用所学知识综合分析问题					
3	我能够自己调试程序					
4	我能够自主完成拓展任务					
5	我能够和同学分享这节课的收获					

我还有话说：

_____

_____

_____

_____

随机猜测

当我们掷骰子时，每个数字随机出现，并且不受上次掷骰子结果的影响，每次投掷后随机朝上的数字可以称为随机数。

一 学习目标

知识：学习"随机数"积木。

技能与方法：综合使用多种积木制作一个随机数游戏机。

情感、态度与价值观：知道生活中的很多问题充满不确定性，保持积极的心态。

二 探究发现

制作随机数游戏机，要求系统随机生成一个1~6之间的数。我们用遥控器按下猜测的数字，如果与随机数一样，那么LED点阵屏显示笑脸，否则显示哭脸。

（一）设计拼装

画出你设计的结构，并试着拼装出来。

（二）参考造型

主机×1

LED点阵屏×1

数据线×1

连接环×1

方形块×9

三角块×1

连接条×6

连接头×1

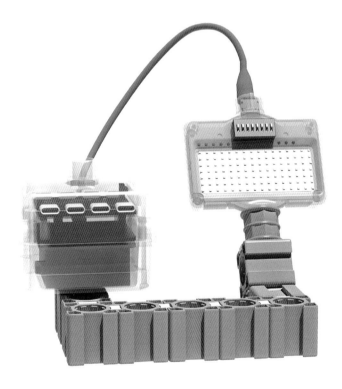

随机数游戏机参考造型

（三）程序编写

在程序里怎样产生随机数呢？

随机数是在样本区间中随机产生的一个数，样本区间就是产生随机数的范围。比如，掷骰子可能出现的数字有1、2、3、4、5、6，那么1～6就是样本区间，每一次可能出现的数字就是随机数，这个随机数必然在样本区间内。

在数字模块中找到**"随机数"**积木，如下图，输入数字，设定样本区间为1～6，就可以产生1～6之间的随机数，并且每个数字出现的概率相同。

"随机数"积木

我们可以建立变量**"随机数"**，将随机数的值赋给变量，如下图。

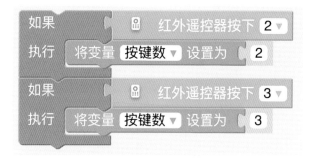

赋值后的"随机数"积木

新建一个变量**"按键数"**，将按键的数字赋值给它，如下图。

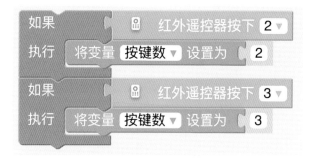

组合积木

根据以上分析，完成程序。

（四）参考程序

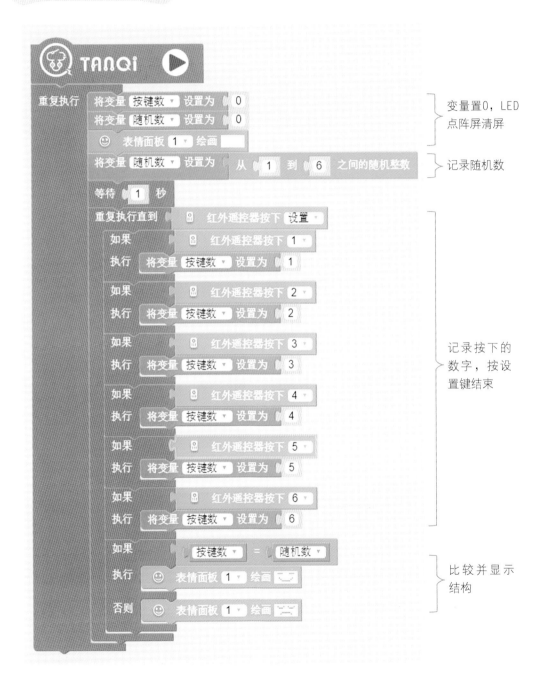

参考程序

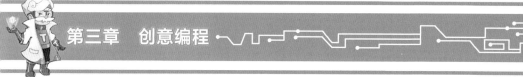
三 总结回顾

随机数的产生是随机的,并且每一次结果都不受上一次结果的影响,在此程序中,每一个随机数出现的可能性相等。

这节课拼装了一个随机数游戏机,使用**"随机数"**积木来生成随机数。我们将产生的随机数通过变量存储下来,并和输入的数字进行比较判断,完成任务。

四 拓展延伸

更改程序,随机产生一个10以内的数字,然后用红外遥控器按下猜测的数字,如果大于就显示">",如果小于就显示"<",直到猜中这个数字,显示笑脸,程序结束。

五 收获评价

学习收获评价表

序号	本节学习收获	分数				
		1	2	3	4	5
1	我能够独立解决发现的问题					
2	我学会了使用"随机数"积木					
3	我能够独立设计并完成程序					
4	我能够自主完成拓展任务					
5	我能够和同学分享这节课的收获					

我还有话说:

_____

_____

_____

_____

小球搬运工

运输是使用特定工具将物品从一个地点向另一个地点运送的物流活动。运输使用的工具有多种，机器人便是其中之一。

今天我们来模拟机器人完成运输任务，场地如右图。

场地上有4个红色区域和4条黑线，每个红色区域中放置一个小球，黑线可以作为路径参考。要求运输车从起点出发，将4个小球运输到终点。

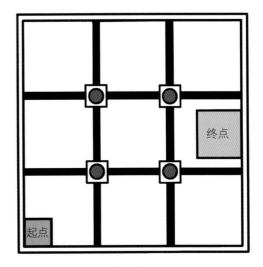

机器人运输场地

一 学习目标

知识：了解巡线传感器、遥控器等设备的综合运用。

技能与方法：小组合作设计一辆可以通过多种方法完成任务的小车，培养逻辑思维。

情感、态度与价值观：乐于与他人合作；认识到科学技术的应用对生活的改变。

二 探究发现

　　拼装一辆能够运输小球的运输车。运输车从起点出发，在场地中进行小球运输，将场地中全部小球运输到终点位置。

（一）设计拼装

怎样搭建运输车才能推着小球走呢？

画出你设计的运输车结构，并试着拼装出来。

（二）参考造型

主机×1

巡线传感器×1

电机×2

数据线×3

大轮子×2

大轮胎×2

传动器×2

螺帽×2

连接环×5

万向轮×2

长直线支架×2

短直线支架×2

短三孔支架×1

方形块×3

连接条×2

连接柱×4

连接头×1

小球运输车参考造型

（三）程序编写

运输车应该按什么样的轨迹行驶呢？

运输车从起点出发，需要按照指定的轨迹行驶才能将小球全部推到终点。运输车的轨迹多种多样，下面给出其中三种（如下图），以供参考。

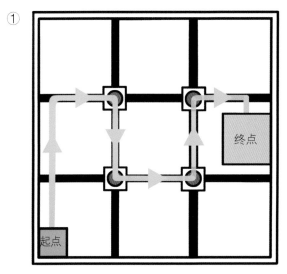

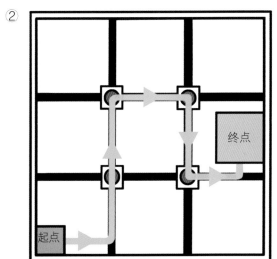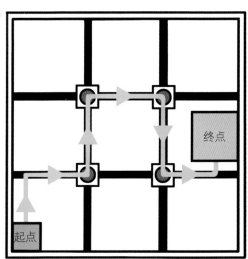

三种运输轨迹

根据路线，写出相应的程序。

（四）参考程序

以轨迹②为例，由于参考程序过长，故截成两段，编写时，按照顺序将右边程序放到左边程序下方即可（以电机1连接左轮，电机2连接右轮为例）。

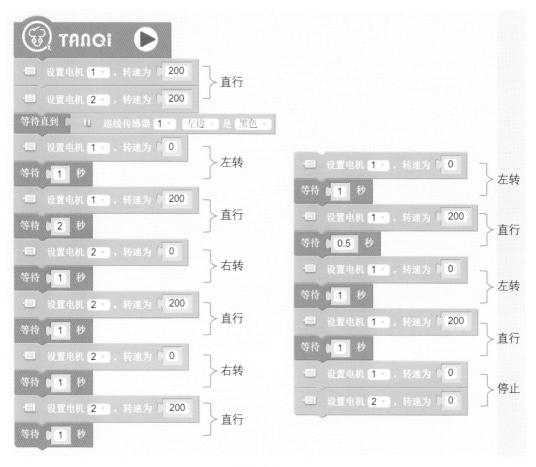

参考程序

（五）实践检验

根据现场测试调整程序中每一块"**等待**"积木的时间，使运输车按照指定轨迹行驶。

三 总结回顾

　　这节课我们根据场地搭建了一辆能够运输小球的运输车，通过对多种积木的灵活使用，运输车能够从起点出发，将4个小球运输到终点。

　　搭建结构、编写程序以及测试检验，不仅考查同学们的动手能力，也考验了同学们发现问题、分析问题以及解决问题的能力。

四 拓展延伸

　　将小球分成不同颜色，按照指定的颜色顺序来运输小球。

五 收获评价

学习收获评价表

序号	本节学习收获	分数				
		1	2	3	4	5
1	我能够独立设计运输车的结构					
2	我能够独立完成程序测试					
3	我能够独立解决问题					
4	我能够自主完成拓展任务					
5	我能够和同学分享这节课的收获					

　　我还有话说：

_____

_____

_____

附 录

基本概念和术语

程序：指可以由计算机执行的一系列代码指令。

编程：为了使计算机能够理解人的意图，将人类解决问题的思路、方法和手段，以计算机能够理解的方式告诉计算机，使其能够逐步执行人的指令，完成特定的任务。这种人与计算体系之间交流的过程就是编程。

反射光强：指经过发射面反射以后，反射光的光照强度。光照强度是一种物理术语，表示光照的强弱，指单位面积上所接收可见光的光通量，单位是勒克斯。

红外接收器：一种能够接收红外信号，并将之转化为电信号的器件。

蜂鸣器：一种一体化结构的电子讯响器。T博士编程机器人演奏的音乐基本是单音频率，不包括相应幅度的谐波频率。

音调：指声音频率的高低，即我们通常说的"音高"。频率越高，音调就越高。

节拍：指音乐中重拍和弱拍周期性的、有规律的重复。

唱名：即Do、Re、Mi、Fa、So、La、Si，是人们在演唱乐谱时所使用的名称。

音名：用C、D、E、F、G、A、B这七个大写字母来表示音名。它们的音高是固定的。

拨码开关：一款采用二级制编码原理来操作控制的地址开关。

像素：像素由图像的小方格组成，每一个小方格都有固定的位置和颜色，将若干小方格组合在一起，就成了图像。像素越高图像越清晰。

频率：单位时间内完成周期性变化的次数，可以描述周期运动的频繁程度。

变量：变量来源于数学，是计算机中能够储存计算结果或者表示值的抽象概念。变量通常是可变的。

赋值：将某一数值赋给某个变量的过程称为赋值。

编程积木一览表

模块	积木	名称	说明
机器人模块	设置电机 1▾ ，转速为 0	"设置电机"积木	控制电机的转速
	设置板载LED 全部▾ 红色 0 绿色 0 蓝色 0	"设置板载LED"积木	控制LED灯的亮度和颜色
	播放音调为 C3▾ ，节拍为 八分之一▾	"播放音调"积木	控制蜂鸣器播放声音的音调和节拍
	表情面板 1▾ 显示数字 0	"表情面板显示数字"积木	控制LED点阵屏显示数字
	表情面板 1▾ 显示时间 0 时 0 分	"表情面板显示时间"积木	控制LED点阵屏显示时间（时、分）
	表情面板 1▾ 绘画	"表情面板"积木	控制LED点阵屏显示图形
	超声波传感器 1▾ 距离	"超声波传感器"积木	表示超声波传感器检测到的数值
	声音传感器 1▾	"声音传感器"积木	表示声音传感器检测到的数值
	巡线传感器 1▾ 左边▾ 是 黑色▾	"巡线传感器"积木	表示巡线传感器检测到的结果（黑或者白）
	红外遥控器按下 A▾	"红外遥控器"积木	表示红外遥控器指定按键是否被按下

143

模块	积木	名称	说明
流程模块	TANQI ▶	"启动"积木	程序开始
	等待 1 秒	"等待"积木	程序运行到此积木后保持上一个状态指定秒数，之后向下运行
	等待直到	"等待直到"积木	程序运行到此积木后保持上一个状态直到完成指定条件，之后向下运行
	重复 10 次 执行	"重复执行次数"积木	重复运行框中积木指定次数
	重复执行	"重复执行"积木	重复运行框中积木无限次
	重复执行直到	"重复执行直到"积木	重复运行框中积木直到完成指定条件
	如果 执行	"如果"积木	如果满足指定条件，执行框中积木，否则，不执行任何操作
	如果 执行 否则	"如果…否则"积木	如果满足指定条件，执行上方框中积木，否则执行下方框中积木
数字模块	1 + 1	"加"积木	两个数值的和
	1 - 1	"减"积木	两个数值的差
	1 × 1	"乘"积木	两个数值的积
	1 ÷ 1	"除"积木	两个数值的商
	从 1 到 100 之间的随机整数	"随机数"积木	样本区间内随机产生的数值

续表

模块	积木	名称	说明
数字模块	1 > 1	"大于"积木	
	1 < 1	"小于"积木	两个数值的比较
	1 = 1	"等于"积木	
	且	"且"积木	同时满足两个条件
	或	"或"积木	满足任意一个条件
	非	"非"积木	原本值的反值
	取余数自 1 ÷ 1	"取余"积木	两个数相除的余数
	向下舍入 1	"舍入"积木	舍入的数值
	sin 1	"公式运算"积木	经过公式运算后的数值
新建模块	创建变量...	"创建变量"积木	点击创建新的变量
	将变量 T 设置为 0	"变量赋值"积木	使变量等于指定数值
	将 T 的值增加 1	"变量运算"积木	使变量增加指定数值
	T	"变量T"积木	变量的数值
	定义 新指令	"定义新指令"积木	指定的单个或者多个积木

配件使用说明

传感器、电机等和主机的连接方法

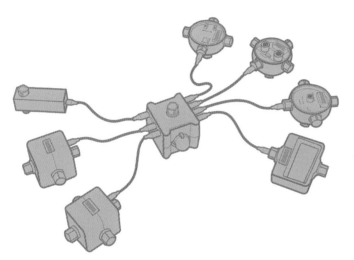

　　将Type-c线的一端插入所需传感器或者电机的接口，另一端插入主机8个Type-c接口的任意一个。

配件的拼装方法

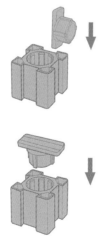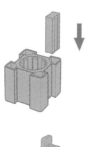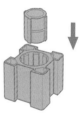

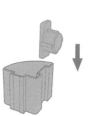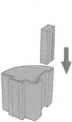

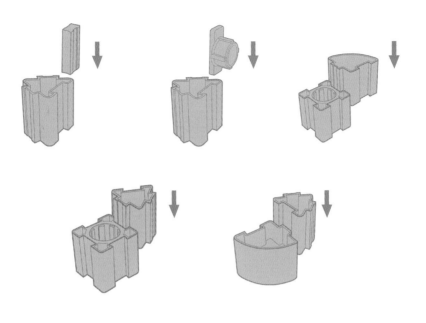

螺帽、齿轮和传动器的组装方法

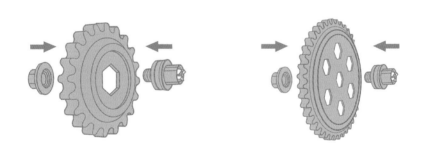

链条组装方法

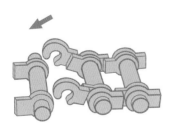
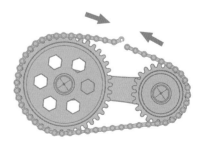

旋风四合扇安装方法

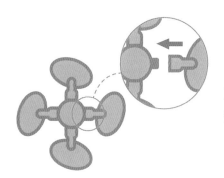

将扇叶对准扇轴上的牙口用力推进，直到与牙口发出对接的响声，否则在运行过程中易产生分离。

传动器、轮子和螺帽的组装方法

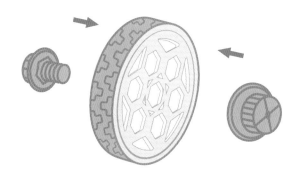

轴固定器与轴的连接方法

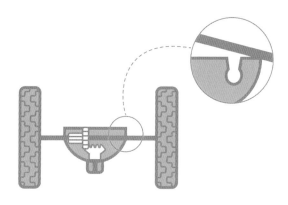

配件总览

主机

T1电机

巡线传感器

超声波传感器

声音传感器

LED点阵屏

红外遥控器

USB拓展接口

USB数据线

Type-c数据线

大轮子

大轮胎

小轮子

小轮胎

万向轮

大齿轮

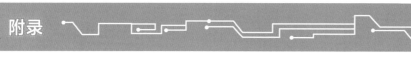
小齿轮	链条	旋风四合扇	长直线支架

短直线支架	短三孔支架	对角支架	弧形支架

智能皇冠球	神奇减速球	百变传动球	橙色宝石球

轴固定器	短轴	传动器	回转器

转角器	圆帽	螺帽	棉线

方形块	三角块	扇形块	连接块

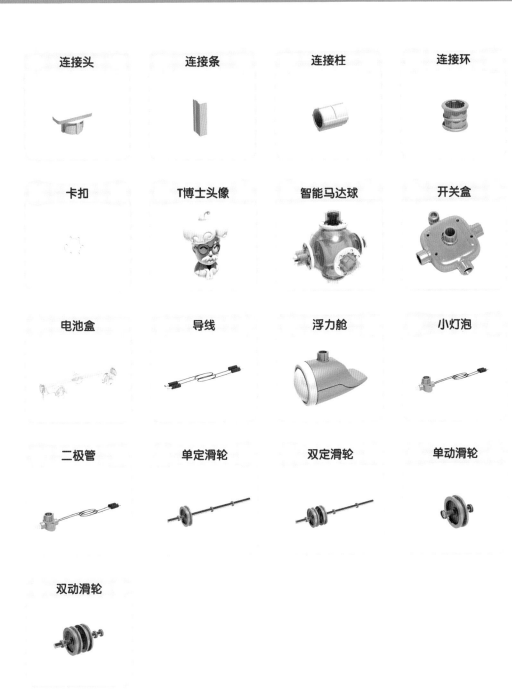

| 连接头 | 连接条 | 连接柱 | 连接环 |

| 卡扣 | T博士头像 | 智能马达球 | 开关盒 |

| 电池盒 | 导线 | 浮力舱 | 小灯泡 |

| 二极管 | 单定滑轮 | 双定滑轮 | 单动滑轮 |

| 双动滑轮 |

图片谨供参考，产品（包括但不限于颜色）请以实物为准。

造型参考图

台灯

可控交通信号灯

"喜怒哀乐"机器人

测距机器人

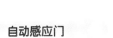

自动感应门

智能宠物狗

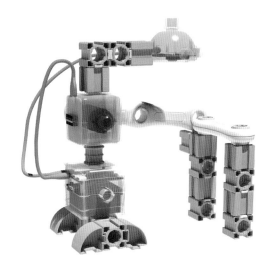

声控灯

直升机

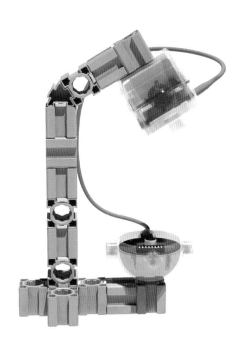

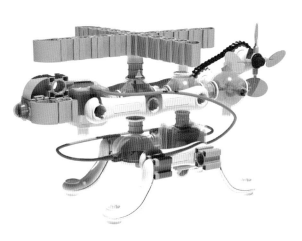

吊车

遥控电风扇

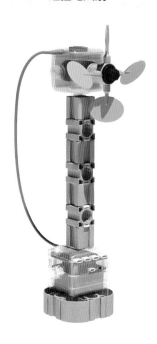

投篮机

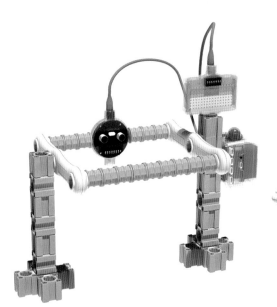

小球运输车

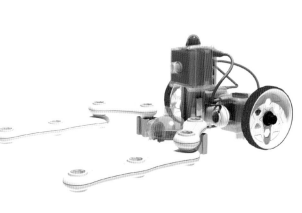